Sigrid Meuselbach

Weck die Chefin in dir

SIGRID MEUSELBACH

WECK DIE
CHEFIN
IN DIR

40 Strategien für
mehr Selbstbehauptung im Job

Bibliografische Information der Deutschen Bibliothek

Die Deutsche Bibliothek verzeichnet diese Publikation in der Deutschen
Nationalbibliografie; detaillierte bibliografische Daten sind im Internet
unter http://dnb.ddb.de abrufbar.

Verlagsgruppe Random House FSC® N001967

2. Auflage
© 2015 Ariston Verlag in der Verlagsgruppe Random House GmbH,
Neumarkter Str. 28, 81673 München
Alle Rechte vorbehalten

Unter Mitarbeit von Dr. Petra Begemann,
Bücher für Wirtschaft + Management, Frankfurt am Main,
www.petrabegemann.de
Redaktion: Reinhard von Struve
Umschlaggestaltung: Stefanie Freischem, yellowfarm GmbH
Satz: Satzwerk Huber, Germering
Druck und Bindung: GGP Media GmbH, Pößneck
Printed in Germany
ISBN 978-3-424-20110-9

INHALT

VORWORT

Die Zügel in die Hand nehmen

Als ich von Sigrid Meuselbachs Buch *Weck die Chefin in dir* hörte, war ich sofort elektrisiert. Der Titel trifft den Kern eines Phänomens, das ich in meiner Laufbahn leider allzu oft beobachtet habe: Hochkompetente, bestens ausgebildete Frauen, die all das mitbringen, was wir in der Wirtschaft heute brauchen und fordern – emotionale Intelligenz, soziale Kompetenz, persönliche Integrität –, bleiben beim Karrierewettlauf auf der Strecke. Die Gründe sind sicherlich vielfältig. Lebensentwürfe unterscheiden sich: Nicht jede Frau strebt danach, Führungsverantwortung zu übernehmen und beruflich aufzusteigen. Doch neben dem bewussten Verzicht auf Karriere gibt es sehr häufig auch den resignativen Rückzug, das Gefühl, sich vergeblich abzustrampeln.

Was sind die Ursachen? Viele Frauen konzentrieren sich auf ihre Arbeit und ihre Leistung und sind der Meinung, das müsse im Unternehmen doch gesehen und gewürdigt werden. Nun sind gute Leistungen zweifelsohne Voraussetzung für eine dauerhafte Karriere, aber sie sind nicht alles: Wer aufsteigen will, muss seine Erfolge vermarkten, die richtigen Kontakte knüpfen, beim Stellenwechsel gut verhandeln und nicht zuletzt das Selbstvertrauen entwickeln, auch schwierige Zeiten durchzustehen. Auf all diesen Feldern sind viele Frauen bis heute sehr zurückhaltend. Sie liefern exzellente Ergebnisse – und warten auf den Retter mit dem weißen Ross, der sie für dieses Engagement belohnt und ihnen beim Aufstieg die helfende Hand reicht. Meist warten sie vergeblich, denn so funktionieren Organisationen nicht.

Es wird daher Zeit, dass beruflich ambitionierte Frauen die Zügel selbst in die Hand nehmen. Dass sie den Mut haben, auf ihre Verdienste hinzuweisen, Risiken einzugehen, Herausforderungen anzunehmen, kurz: dass Sie die Verantwortung für ihre Karriere übernehmen. Dieses Buch ermutigt Frauen auf diesem Weg und liefert ihnen handfeste Strategien für mehr Erfolg im Beruf. Darüber hinaus kann es Managerinnen, die es bereits nach oben geschafft haben, ein Anstoß sein, dem weiblichen Nachwuchs stärker als bisher mit Rat und Tat zur Seite zu stehen, ob als Vorgesetzte, als Mentorin oder als wohlwollende Kollegin – und so genau die Unterstützung zu spenden, die beim eigenen Aufstieg vielleicht schmerzlich vermisst wurde. Ich wünsche Sigrid Meuselbach und ihrer Warnung vor der »Dornröschen-Falle« viele Leserinnen und Leser.

Gülabatin Sun
Managing Director
Deutsche Bank AG

DIE DORNRÖSCHEN-FALLE

Lieber handeln, als den eigenen Erfolg verschlafen

Vor Zeiten waren ein König und eine Königin, die sich sehnlichst ein Kind wünschten. Als die Königin schließlich ein Mädchen gebar, veranstaltete der König ein Freudenfest, zu dem er auch die weisen Frauen des Landes einlud – alle bis auf die 13., denn im königlichen Haushalt gab es nur zwölf goldene Teller. Am Ende des Festes beschenkten die weisen Frauen das Kind mit Tugend, Schönheit, Reichtum. Als die elfte eben ihren Wunsch gesprochen hatte, stürmte die 13. herein: »Die Königstochter soll sich an ihrem 15. Geburtstag an einer Spindel stechen und tot umfallen!« Die zwölfte konnte diesen Fluch nicht mehr abwenden, sondern nur noch abmildern zu einem 100-jährigen Schlaf.

Sie erinnern sich vermutlich, wie die Geschichte weitergeht: Der König lässt alle Spindeln aus seinem Reich verbannen, doch vergeblich: An ihrem 15. Geburtstag trifft Dornröschen in einem entlegenen Turmzimmer des Palastes auf eine spinnende alte Frau. Sie greift neugierig nach der Spindel, sticht sich und fällt in einen tiefen Schlaf, aus dem sie erst ein Königssohn mit einem Kuss erweckt. Der kommt just nach 100 Jahren vorbei, und so teilt sich vor ihm die Dornenhecke, die das Schloss inzwischen umwuchert.

Was hat das mit den Frauen von heute zu tun? Ich habe mich schon als Kind gewundert, warum der König Dornröschen nicht einfach erzählt, dass Spindeln gefährlich sind. Meine Eltern machten das jedenfalls so, egal ob es um heiße Herdplatten oder rote Ampeln ging. Dornröschen kennt die Regeln nicht, und es muss bitter dafür büßen. Es lebt in einer heilen Welt, bis es sich allein auf den Weg macht und prompt scheitert. Vielen Frauen geht es in Sachen Karriere heute ebenso. »Die Zukunft ist weiblich«, tönt es seit Jahren aus Tageszeitungen, Wochenblättern und Magazinen. So jubelte die *Zeit* beispielsweise 2004 über die von der Industrie umworbenen Naturwissenschaftlerinnen und Ingenieurinnen. Die *Berliner Zeitung* berief sich 2007 auf prominente Trendforscher und sah Frauen schon »auf der Überholspur«. Der *Spiegel* titelte im gleichen Jahr mit den »Alpha-Mädchen«, die alles schaffen könnten. *Psychologie heute* war sich 2010 sicher: »Frauen werden in naher Zukunft auch maßgeblich die globalen Geschicke bestimmen.« Und selbst die konservative *Welt* beschwor 2012 die Vorteile gemischter Managementteams und kam zu dem unausweichlichen Schluss: »Die Zukunft ist weiblich.« Zu ebendieser Phrase lieferte Google im Sommer 2014 stolze 2,79 Millionen Einträge! Die These vom »Female Shift« kulminierte darin, dass die US-Journalistin Hanna Rosin in ihrem Buch »Das Ende der Männer« und den »Aufstieg der Frauen« prophezeite.[1] Die Argumente sind immer die gleichen: Frauen seien kommunikativer, empathischer, flexibler. Sie besäßen genau die Fähigkeiten, die unsere Welt heute brauche. Die Wirtschaftskrise ab 2008 befeuerte diese Sicht noch einmal, denn war sie nicht eine Krise von Testosterongesteuerten, fahrlässig risikofreudigen Männern an den Schalthebeln der Finanzwelt?

Leider ist diese medial inszenierte Sicht auf die Welt für Frauen, die etwas erreichen wollen, ungefähr so trügerisch wie ein Märchenreich ohne Spindeln. »Frauenförderung? Brauche ich nicht.« Das höre ich häufig von jungen Frauen im Coaching und bei Karriereveranstaltungen. Kein Wunder, schließlich sind sie in der Schule und an der Universität ebenso gut, vielfach sogar besser als ihre Mitschüler und Kommilitonen. Warum also sollten sie ihnen im Beruf unterlegen sein? Zehn Jahre später hat sich ihr Ton geändert. Dann sitzt der mittelmäßige Mitschüler oder Kommilitone häufig auf dem Chefsessel, während das »Alpha-Mädchen« von früher ihm die Vorstandsvorlagen schreibt und die Sitzungen vorbereitet. Dieselben Frauen sagen jetzt: »Hätte ich das alles nur früher gewusst! Dann wäre meine Karriere anders verlaufen.« Was diese Frauen ab Ende 30 meinen? Sie meinen, dass männliche Kollegen anscheinend mühelos an ihnen vorbeizogen. Sie meinen, dass sie sich mit bestimmten Anforderungen im Berufsleben schwerer getan haben als erwartet. Und sie meinen, dass sie sich in Sachen Familienplanung und Karriere alles andere als gleichberechtigt gefühlt haben. Ernüchtert müssen viele erkennen, dass sie ihren Erfolg teilweise verschlafen haben wie Dornröschen ihr Leben – einfach, weil sie die wahren beruflichen Spielregeln nicht kannten. Die Dornröschen-Falle besteht aus Arglosigkeit und Unwissenheit. Denn solange die Chefetagen überwiegend von Männern bevölkert sind, sind sie es, die die Regeln vorgeben.

Wenn frau männlichen Machtspielen und Strategien nicht arglos ausgeliefert sein will, muss sie diese Regeln kennen. Bis zur faktischen Gleichberechtigung von Männern und Frauen könnte es beim derzeitigen Tempo noch rund 950 Jahre dauern, hat die Internationale Arbeitsorganisation in Genf einmal hochgerechnet.[2] Dies hier ist ein Buch für Pragmatikerinnen, die nicht so lange warten wollen. Darin geht es nicht um die großen Fragen, um die Hoffnung auf gesellschaftlichen Wandel, um das Für und Wider weiblicher und männlicher Kompetenzen. Gehen wir einfach davon aus, dass beide Geschlechter ihre Stärken haben. Doch wenn frau nicht beherzigt, dass das Karrierespiel bis heute vor allem nach männlichen Regeln gespielt wird, fliegt sie womöglich schon beim ersten Schlagabtausch vom Platz. Die Botschaft dieses Buches lautet also: Frauen, lernt von den Männern und schlagt sie, wenn nötig, mit ihren eigenen Waffen! Das ist zugleich die Kernidee meiner »Durchbox-Trainings«, die ich seit vielen Jahren in Unternehmen und Forschungsinstitutionen durchführe. Dieses Buch lebt von den Erfahrungen und Erlebnissen der Teilnehmerinnen solcher Workshops.

Die erzählten Geschichten sind wahr, auch wenn ich in der Regel einige für die Botschaft unwichtige Eckdaten aus Gründen der Anonymisierung verändert habe. Um Frauen mit der Männersicht auf ihr Problem vertraut zu machen, arbeite ich in meinen Trainings mit einem männlichen Trainingspartner. Seine Aufgabe ist es, sich in Rollenspielen so zu verhalten, wie er es im Alltag tun würde, und unverblümt Feedback zu geben. Es gibt eine ganze Reihe von Trainingspartnern, allesamt »ganz normale«, im Berufsleben stehende Männer, die authentisch und ohne weitere Vorabinformation agieren und reagieren. Sie sind keine Schauspieler, die etwas nur vorspielen. Im Buch werden ihre Stimmen zu einer gebündelt. Das ist deswegen leicht möglich, weil die Überschneidungen verblüffend sind.

»Frauen, lernt von den Männern!« – Mir ist bewusst, dass ich mit dieser Empfehlung Widerspruch hervorrufe. Ich kenne die

Gegenargumente aus zahlreichen Gesprächen. Hier schon mal vorab die wichtigsten und was ich dagegenhalte:

Argument 1:
»Frauen sollten ihren eigenen Weg gehen, statt sich wie Männer zu verhalten.«
»Ich will mich nicht verbiegen!«, höre ich von Klientinnen und Seminarteilnehmerinnen, oft mit der Verve der Empörung: Warum sollen Frauen sich erneut den Männern anpassen und genauso machtorientiert, selbstverliebt und durchsetzungsstark agieren wie sie? Ebenso gut könnten Sie mich fragen, warum Sie bei Regen einen Schirm aufspannen sollen und fordern, dass Sie auch ohne trocken bleiben. Die letzten Jahrzehnte haben gezeigt: Mit Wunschdenken und moralischen Appellen kommen wir Frauen nicht weiter, wir brauchen alltagstaugliche Strategien. Wäre dies anders, stünde meine Tochter heute nicht vor ähnlichen Barrieren wie ich am Ende meines Studiums. Überdies rede ich hier nicht von einer pauschalen »Vermännlichung« der Frauen, sondern dem Erwerb einer interkulturellen Kompetenz. Erfolgreiche Frauen kennen die männlichen Spielregeln und können sie bei Bedarf anwenden. Ich möchte Sie also zu strategischem Verhalten und bewussten Entscheidungen ermuntern, nicht zu einer bloßen Kopie männlichen Machotums. Dabei kann Ihre eigene Entscheidung auch lauten: »Dieses Spiel will ich nicht mitspielen.« Das wäre vollkommen okay. Nicht okay ist, blind durchs Leben zu stolpern und nach einigen Jahren frustriert in der Schmollecke zu sitzen. Anders als Dornröschen wird uns kein Prinz erlösen!

Argument 2:
»Frauen sind doch längst gleichberechtigt. Was braucht es da noch
Durchbox-Strategien?«
Gern wird das mit den Nöten von Großunternehmen untermau-
ert, die angeblich händeringend weibliche Topmanagerinnen suchen, um einer gesetzlichen Quote vorzubeugen. In Wahrheit
würden Frauen längst bevorzugt, wird sogar behauptet. Wahr ist:
Seit die EU-Kommissarin Viviane Reding in der EU-Kommission
eine Richtlinie durchgesetzt hat, nach der bis 2020 Verwaltungs-
und Aufsichtsräte großer Firmen zu 40 Prozent mit Frauen besetzt sein sollen, tut sich etwas in den Konzernen. Brigitte Lam-
mers, Headhunterin und auf Managerinnen spezialisiert, sagt
allerdings auch, viele Unternehmen seien »auf eine Steigerung
der Zahl weiblicher Führungskräfte fixiert, ohne dass sie sich
dabei kulturell verändern«[3]. Was das konkret heißt, war in einem internen Daimler-Unternehmensblog nachzulesen, nach-
dem eine Daimler-Mitarbeiterin unvorsichtigerweise gemeint
hatte, es sei doch egal, ob ein Chef oder eine Chefin das Ruder in
der Hand hält. Daraufhin entlud sich der geballte Zorn vieler
männlicher Kollegen, die mit voller Namensnennung darüber
philosophierten, dass Frauen »von der Natur nicht vorgesehen«
seien für Führungsaufgaben. Macht könne sie schnell »verderben«. »Eine Frau sollte lieb und nett sein«, hieß es auch, »so wollen wir die Frauen sehen.« Ein anderer Mann sorgte sich um die
Hausfrauen, die diskriminiert würden, wenn ihr Gatte durch die
vielen Karrierefrauen in seinem beruflichen Fortkommen ge-
bremst werde.[4] Dies sind die Haltungen, denen frau im Berufsalltag begegnet, auch wenn sie selten so offen ausgesprochen werden. Und wie das Beispiel Daimler zeigt, sind sie auch bei

Akademikern verbreitet – spätestens dann, wenn Frauen zur ernsthaften Konkurrenz um attraktive Positionen werden.

Das Argument, Stellen sollten nach Leistung besetzt werden und nicht nach Quote, hält der Topmanager Thomas Sattelberger übrigens für vorgeschoben: »Das ist nichts anderes als die Antwort geschlossener Systeme auf Eindringlinge.« Sattelberger wird wissen, wovon er redet: Bis 2012 war er als Personalvorstand der Deutschen Telekom zuständig für 230.000 Mitarbeiter.[5] Die Quotenfrage ist auch eine Machtfrage. Dennoch – oder sollte ich eher sagen: deswegen? – meinen 64 Prozent der Männer, dass es mit der Gleichberechtigung der Frauen in Deutschland mittlerweile reicht. Ein knappes Drittel (28 Prozent) findet sogar, dass dabei »übertrieben« wird. Doch nur 6 Prozent der Befragten wären lieber eine Frau, wenn sie noch einmal auf die Welt kämen. Möglicherweise hängt das damit zusammen, dass 81 Prozent der 18- bis 44-Jährigen immer noch der Ansicht sind, Frauen könnten Arbeiten im Haushalt »besser erledigen« als sie, und das im Jahre 2013 unserer Zeitrechnung. Alle Zahlen stammen aus einer repräsentativen Studie des Instituts für Demoskopie Allensbach.[6]

Nicht alles, was in optimistischen Artikeln zur Frauenfrage behauptet wird, ist also in den Köpfen angekommen. Auch die Daten aus der Wirtschaft sprechen eine eindeutige Sprache: 2013 sank die Zahl der Frauen in Vorständen von DAX-Firmen gegenüber dem Vorjahr von 7,8 auf 6 Prozent (nämlich von 15 auf 12). Nur jedes dritte Großunternehmen hatte überhaupt eine Frau im Vorstand, ermittelte das Deutsche Institut für Wirtschaftsforschung (DIW).[7] Über alle Unternehmensgrößen hinweg war 2012 nur knapp jede dritte Führungskraft weiblich (28,6 Prozent), meldet das Statistische Bundesamt und ergänzt: »Dieser Anteil verändert sich nur langsam – von 2005 bis 2011 stieg er jedes Jahr um 0,4 Prozentpunkte an. Im Jahr 2012 ist ein leichter Rückgang von 1,6 Prozentpunkten zu verzeichnen.«[8] So weit zur angeblich schon erfolgten Gleichberechtigung. Es bleibt noch genug zu tun.

Argument 3:
»Frauen sind selbst schuld an ihrer Misere. Sie wollen doch gar nicht ernsthaft Karriere machen!«
Viele Frauen säßen eben lieber beim Latte macchiato im Café, als sich dem Karrierestress auszusetzen, so die Behauptung. Sie ist nicht neu. 2002 sorgte die Journalistin Barbara Bierach mit ihrem Buch *Das dämliche Geschlecht* für Furore. Ihre Kernthese: Es sei unaufrichtig, Männern die Schuld für die Unterrepräsentanz von Frauen in Führungspositionen zu geben. Karriere sei vielen Frauen schlicht zu anstrengend. Deshalb zögen sich bestens ausgebildete Akademikerinnen spätestens mit Mitte 30 ins Eigenheim am Stadtrand zurück, widmeten sich ganz den Kindern, kutschierten sie zu Ballettstunden und Fußballtrainings und lamentierten über frauenfeindliche Strukturen, die ihnen angeblich dieses Opfer abverlangten. Ähnlich wie Bierach argumentierte ihre Kollegin Bascha Mika zehn Jahre später. »Die Feigheit der Frauen« ließe diese vor den Herausforderungen der Berufswelt in die traditionelle Frauenrolle flüchten. Und Anfang 2014 gaben Theresa Bäuerlein und Friederike Knüpling der These von der selbst gewählten Opferrolle der Frauen und den falschen Schuldzuweisungen an die Männer unter dem Titel *Tussikratie* einen trendigen Anstrich.[9]

Worin ich den Autorinnen zustimme, ist ihr Appell an die Eigenverantwortung. Karriere zu machen ist in der Tat nicht ein-

fach, weder für Frauen noch für Männer. Es verlangt Hartnäckig-
keit, Durchsetzungsvermögen, strategisches Geschick und stetige
Anstrengung. Was die Autorinnen zugunsten der provokanten
Zuspitzungen unter den Tisch fallen lassen: Frauen werden auf
diesem Weg nach wie vor mehr Stolpersteine vor die Füße gerollt
als ihren männlichen Kollegen. Sie werden misstrauisch beäugt,
haben mit Vorurteilen zu kämpfen und natürlich auch mit verin-
nerlichten Ansprüchen an Kindererziehung und Mutterschaft.
Die Topmanagerin Sheryl Sandberg, seit 2008 Geschäftsführerin
von Facebook, findet dafür das schöne Bild von der Karriere als
Marathonlauf. Während männliche Läufer stetig angefeuert werden (»Das sieht gut aus! Weiter so!«), entmutigt das Publikum
Läuferinnen eher: »Du weißt, dass dich niemand zwingt«, »Der
Start war gut – aber wahrscheinlich wirst du eh nicht bis zum
Schluss mitlaufen wollen« oder »Warum läufst du hier, wo dich
doch deine Kinder zu Hause brauchen?«[10] Wenig überraschend,
dass da manche Frau aufgibt.

Solange Frauen in den Führungsetagen von Institutionen und
Konzernen immer noch als Ausnahme von der Regel wahrgenommen werden, solange sie sich immer noch fragen lassen
müssen, wie sie »als Frau« das schaffen, und solange jeder ihrer
Fehler nicht menschliches, sondern weibliches Versagen ist – so
lange ist der Vorwurf der Feigheit unfair. Die Situation der Frauen
wird erst dann einfacher werden, wenn es so viele von ihnen in
verantwortliche Positionen geschafft haben, dass das Frausein bei
der Beurteilung ihres Verhaltens nicht mehr an erster Stelle steht.
Wenn dieses Buch einen Beitrag dazu leistet, indem es deutlich
macht, wo die Gefahren lauern und wie Dornröschen sich selber
helfen kann, dann hat es seinen Zweck erfüllt!

SPRACHE:
VON FAKTEN BIS FUßBALLERISCH

»Als Mann eine Frau zu verstehen ist genauso unmöglich, wie als Frau einen Mann zu verstehen.
Deswegen haben wir doch die ganzen Probleme.«
Til Schweiger (* 1963)

»Das Weib soll sich nicht im Reden üben.
Denn das wäre arg.«
Demokrit (459-370 v. Chr.)

Mit dem Verständnis zwischen Frauen und Männern ist das so eine Sache – sonst wäre es kaum seit Jahrtausenden ein Thema. »Du kannst mich einfach nicht verstehen!« ist der Standardvorwurf, wenn der Haussegen schief hängt, und genau so heißt auch ein Bestseller der US-Linguistin Deborah Tannen. Sie bestätigt, dass Männer und Frauen oft aneinander vorbeireden, auch wenn sie dieselbe Sprache sprechen. Dabei geht es weniger um Grammatik und Vokabeln, sondern um das Was, Worüber und Wie. Simples Beispiel: Was sagt eine Frau auf das Kompliment »Was für ein schönes Kleid!«? *Genau*: »Ist uuuralt«, »War ein Schnäppchen« oder »Ach, nichts Besonderes!«. Was würde ein Mann antworten?

»Da sollten Sie erst mal sehen, was ich sonst noch im Schrank habe.« Meint spöttisch die Hochschullehrerin Doris Krumpholz, die über Frauen und Führung forscht. Ersetzen Sie »schönes Kleid« gedanklich durch »tolles Projekt« – und Sie haben eine Ursache dafür, warum Frauen sich beim Aufstieg schwertun. Auf den folgenden Seiten machen wir die Schreckensvision des antiken Philosophen Demokrit wahr: Wir üben uns ein wenig im Reden und lösen Til Schweigers Probleme ;-)

1. Wer Fußballerisch kann, ist klar im Vorteil

Vor 40 Jahren sagte die Journalistin Carmen Thomas im *aktuellen Sportstudio* versehentlich »Schalke 05«. Über diesen Versprecher können sich Männer bis heute aufregen. Und da sollen Sie sich als Frau ernsthaft an Fußballthemen heranwagen? Fußball ist hier nur ein Beispiel für typische Männerthemen – es können auch Autos, Uhren, eigene sportliche Leistungen oder leistungsstarke Bohrmaschinen sein. In geselliger Runde, abends an der Hotelbar, in der Kaffeepause des Meetings frotzeln Männer, rangeln spielerisch, reden über alles Mögliche, ohne dass damit ein nobelpreiswürdiger Tiefsinnsanspruch verbunden wäre. Eine Frau, die mit-»fachsimpeln« kann, entscheidet eine grundsätzliche Frage positiv für sich: »Hat die hier was zu suchen?« Was passiert, wenn frau sich auf das Gesprächslevel einstellt, zeigt das Erlebnis einer Seminarteilnehmerin:

»Ich war als Vortragende zu einer internationalen Tagung in Italien eingeladen. Am Abend gab es ein ›Speaker-Dinner‹. Ich saß

am Tisch mit anderen wichtigen Wissenschaftler(inne)n. Wir hat-
ten Spaß, und ich unterhielt mich angeregt mit meinem Tischnach-
barn aus den USA. Nach dem Hauptgericht kommt ein englischer
Kollege und schiebt seinen Stuhl genau zwischen mich und den
Amerikaner. Ich lasse mich nicht abdrängen, muss mich dafür aber
ganz schön anstrengen. Dann kommt die Krönung: Wir sprechen
darüber, was wir nachmittags gemacht haben. Der Engländer
meint augenzwinkernd, dass er eine Verabredung mit seiner Frau
hatte. Ich schaue ihm tief in die Augen und sage: ›*Weißt du, dafür*
brauchen wir Franzosen keine Verabredung!‹ *Anerkennendes Ge-*
lächter – und bald danach sucht der Drängler das Weite.«

Die Erfahrung der Wissenschaftlerin bestätigt aufs Schönste, was die Sprachforscherin Deborah Tannen aus unzähligen Gesprächsanalysen ableitete. Für Männer seien Gespräche immer auch »Mittel zur Bewahrung von Unabhängigkeit und zur Statusaushandlung«. Dazu stellten Männer gern ihr Wissen zur Schau und glänzten mit »Anekdoten oder Witzen«, während Frauen sich eher über persönliche Erlebnisse austauschen.[11] Sehr pauschal gesagt: Mann zeigt gern, was für ein toller Hecht er ist, Frau erzählt gern, was sie beschäftigt. Die Wissenschaftlerin hatte mit ihrer schlagfertigen Antwort umgeschaltet auf die Männerfrequenz und das Statusspiel für sich entschieden. Sie zeigte, dass sie sich nicht einfach an den Rand drängen lässt.

Männersprache und Frauensprache können Sie überall studieren. Achten Sie einmal im privaten Bereich darauf, wie sich Gespräche entwickeln, wenn zwei befreundete Paare aufeinandertreffen. Ich bin immer wieder erstaunt, dass Männer – selbst wenn sie sich monatelang nicht gesehen haben – in drei Sätzen beim neuen Auto, beim aktuellen Projekt im Büro oder bei der neuen Turbopumpe im Labor sind, während Frauen immer noch ausführlich ausloten, wie es der anderen gerade geht. Und ich bin amüsiert, wenn ich im öffentlichen Nahverkehr Gespräche zwischen Jungen und Mädchen belausche und feststelle, dass die Mädchen mal wieder mit »Und dann hab ich gesagt … und sie hat gesagt … und ich … und sie dann … und findest du das nicht unmöglich!??« beschäftigt sind, während die Jungen streiten, welches Auto mehr PS hat und ob Bayern München oder Borussia Dortmund der coolere Klub ist. Ein Klischee? Ja, denn natürlich geht es auch anders herum. Aber weit häufiger ist es so wie oben beschrieben.

Was hat all das mit Ihrem beruflichen Erfolg zu tun? Eine Menge, denn die wichtigsten Deals werden nicht unbedingt in offiziellen Verhandlungen gemacht und die attraktivsten Projekte im dafür vorgesehenen Meeting oft nur noch abgenickt, weil hinter den Kulissen schon die Fäden gezogen wurden. Wer als Frau in einer Männerwelt dazugehören will, tut gut daran, nach der Messe abends in der Hotelbar, in der Seminarpause oder beim Small Talk vor dem Meetingraum nicht Außenseiterin, sondern Teil der versammelten Runde zu sein. Also: Lernen Sie Fußballerisch! Machen Sie sich mit den Grundregeln vertraut, behalten Sie die Bundesligatabelle im Auge und üben Sie sich in lockeren Sprüchen. Notfalls tut es auch eine Bemerkung über die schicken Anzüge von Bayern-Trainer Pep Guardiola oder den aktuellen Zwist zwischen dem Bundestrainer und einem Nationalspieler.

Einige Frauen nicken und grinsen, wenn ich das in meinen Seminaren oder Vorträgen empfehle. Doch es hagelt auch Proteste, sobald ich Fußballerisch als Erfolgsstrategie empfehle: »Warum soll ich mir das antun?« – »Das ist doch vertane Zeit!« – »Das ist mir zu mühsam, das pack ich nicht.« Mich wundert, dass Frauen, die ein Pharmaziestudium gestemmt oder in Theologie promoviert haben, so schnell vor der Abseitsregel kapitulieren. Würde ihr Unternehmen sie nach China oder Spanien entsenden, würden sie sich ohne zu zögern Grundbegriffe in Chinesisch oder Spanisch aneignen. Vielleicht betrachten Sie die Beschäftigung mit Männerthemen einfach als Grundkurs in Maskulinisch?

Sollten Sie Fußball schon immer gehasst haben, verlegen Sie sich eben auf andere Felder. Schwerer wiegt eine andere, grundsätzliche Kritik: »Warum soll ich mich auf diese Weise anpassen? Ich will mich nicht verbiegen!« Dahinter lauert auch der Vorwurf, die sprachliche Anpassung schreibe die tradierte Unterordnung der Frauen unter die Männer fort. Ich sehe das anders. Mir geht es um strategisches Denken. Wenn Sie Ihre Schwiegermutter besuchen, mit dem Hausverwalter verhandeln oder in der Elternsprechstunde gut Wetter für Ihre aufmüpfige Tochter machen wollen, überlegen Sie sich auch, was Sie sagen werden und wie. Männer schmelzen regelmäßig dahin, wenn frau ein wenig Ahnung hat von Themen, die Männer interessieren, ohne dabei besserwisserisch, verkrampft oder unauthentisch zu wirken. Den Platz am Stehtisch in der Meetingpause muss frau sich erobern. Das klappt normalerweise nicht, indem sie schüchtern am Rand steht und auf Einlass in die Runde wartet oder indem sie versucht, das intellektuelle Niveau der Runde zu heben, indem sie zu Filmfestivals oder Kunstausstellungen abdriftet. Ein selbstbewusstes »Darf ich mich zu Ihnen gesellen?« und ein paar lockere Bemerkungen zu den gerade in der Runde angesagten Themen können Ihnen manchen Karrierefrust ersparen. Nur eins ist tödlich: den Männern den Spaß zu verderben, indem man sie auf ihrem eigenen Terrain belehrt.

Der Trainingspartner:
*»Was hat die hier zu suchen?«, fragt sich das Männer-
hirn unweigerlich, wenn frau eine überwiegend männ-
lich besetzte Runde betritt. Wenn Sie auf Thema und
Tonfall der Runde einsteigen können, erübrigt sich diese
Frage rasch.*

2. Behauptungen aufstellen – aber richtig

*»Ich fass es nicht, dieser Angeber hat die Stelle bekommen, auf die
ich viel besser passe!!«* Meine Klientin M. schäumte vor Wut. In
ihrer Firma war eine attraktive Teamleitung zu vergeben. Ihr
Chef hatte sie und einen Kollegen im Dreiergespräch gefragt, was
sie für die Position mitbrächten. Der Wortschwall ihres Kollegen
machte M. sprachlos: *»›Ich war im Ausland und bin daher mit der
Zusammenarbeit mit verschiedenen Kulturen vertraut. Ich kenne
mich bestens mit Datenbanken aus, bin also perfekt im Thema.
Auch der große Erfolg des Projekts X spricht für mich, denke ich.
Außerdem habe ich schon vor Jahren die Ausbildereignungsprü-
fung abgelegt. Und bei meinem letzten Arbeitgeber konnte ich Führungspraxis erwerben, als ich monatelang meinen erkrankten Vorgesetzten vertrat. Sie können sich also darauf verlassen, dass ich
den Laden hier von Anfang an im Griff habe.‹«*
     M. wusste, dass die Auslandserfahrung sich auf eine sechswö-
chige Stippvisite beschränkte, die »Führungspraxis« nicht über
regelmäßige Statusberichte an einen Interimsmanager hinausge-
gangen war und dass sie selbst im Projekt X die Hauptarbeit geleistet hatte. *»Aber was hätte ich tun können?«* Eine ähnliche Situ-

ation: Auf einer renommierten Tagung in den USA ist ein Vortrag zu halten – zu einem Thema, zu dem die Frau seit drei Jahren intensiv gearbeitet hat. Jetzt behauptet der Kollege, er sei der Richtige für die Ergebnispräsentation: *»Das kann ich doch machen! Wir müssen da deutlich machen, dass wir mehr auf der Pfanne haben als die Franzosen. Am besten, wir ...«* Der Kollege hat auch gleich ein paar wolkige Ideen für die PowerPoint-Präsentation. Die an die Wand gedrückte Kollegin ist wie gelähmt angesichts dieses dreisten Auftretens. Was wäre in beiden Situationen die richtige Reaktion gewesen?

Ganz einfach: sich entschlossen und sachlich wehren. *»Nee, mein Lieber, is nich'! Ich arbeite seit drei Jahren an dem Thema und kenne es aus dem Effeff. Ich weiß, worauf die Leute anspringen und wie die Präsentation aussehen muss. Meine Ergebnisse präsentiere ich schon selbst.«* Zu offensiv, zu platt? Versetzen Sie sich einmal in die Lage des Chefs. Lässt sich die Kollegin wie ein schüchternes Mäuschen an die Seite drängen, liegt doch ein Gedanke sehr nahe: »Wenn die sich hier schon nicht verkaufen kann – wie soll sie uns in den USA verkaufen?« Dasselbe gilt für die Beförderungssituation: Hier hilft nur energisch Kontern. *»Mag sein, dass der Kollege sechs Wochen in Indien war. Mein Auslandsjahr in New Jersey allerdings hat den Ausschlag gegeben, den Großauftrag Y an Land zu ziehen, mein Englisch ist perfekt und beim Projekt X habe ich entscheidend mitgearbeitet«* usw. usw.

Männer stellen mit dem Brustton der Überzeugung Behauptungen auf, die bei nüchterner Überlegung nicht zu halten sind und manchmal in die Geschichte eingehen, wenn sie schließlich öffentlich entlarvt werden. Unvergessen: Uwe Barschels »Ich gebe Ihnen mein Ehrenwort!« (1987), Norbert Blüms »Die Rente ist sicher!« (1986, 1997) oder auch Karl-Theodor zu Guttenbergs Feststellung, »Der Vorwurf, meine Doktorarbeit sei ein Plagiat, ist abstrus.« (2011). Jenseits der Fernsehkameras bleiben kleinere und größere Aufschneidereien meist unentdeckt. Was mit genügend Nachdruck vorgetragen wird, wird meist geglaubt. Eine Kollegin erzählte mir kürzlich, sie habe in der Kantine die Kollegen im Nu überzeugt, in ihren Golf-Kofferraum passe »natürlich« ein Fahrrad! Darauf haderten alle mit den miesen Kofferräumen ihrer größeren Autos. Erst hinterher stellte die Kollegin fest, dass sie sich schlicht getäuscht hatte. Gewirkt hatte ihr energisches Auftreten trotzdem.

Nein, ich will Sie nicht zu Meineid und haltlosem Prahlen auffordern. Sie sollten sich allerdings auch davon verabschieden, alles doppelt und dreifach prüfen zu wollen, bevor Sie sich aus der Deckung trauen. Das machen Männer auch nicht. »Unsere Frauen wollen das nicht!«, beschied kürzlich der Vorstand eines Mittelständlers und wollte damit ein Mentoring-Programm für den weiblichen Führungsnachwuchs rasch vom Tisch wischen. »Aber selbstverständlich.«, konterte die Personalleiterin, »ich habe mit allen gesprochen. Die Frauen sind begeistert, dass unser Unternehmen so fortschrittlich ist.« Inzwischen läuft das Programm erfolgreich, ohne dass die forsche Personalfrau sich vorab tatsächlich abgesichert hätte. Also: Preschen Sie öfter mal vor, bevor Ihnen die Felle wegschwimmen. Besser hinterher Hindernisse ausräumen, als voreilig Chancen verschenken. Übrigens: Bei Männern auch sehr beliebt: ein gespielt empörtes »Das weiß man doch!«, wenn jemand ihre Thesen hinterfragt.

Viele Frauen finden es schlicht peinlich, so auf die Pauke zu hauen (→ 35. So banal wie wirksam: Die Uga-uga-Nummer).

Wissenschaftler, darunter die Psychologieprofessorin Doris Bischof-Köhler, führen das auf die Biologie der Geschlechter zurück. Männer konkurrierten seit jeher mit Nebenbuhlern um die »Weibchen«, Imponiergehabe und Konkurrenzdenken sei ihnen daher evolutionär eingeschrieben. Die Frauen dagegen konnten den passenden Paarungspartner unter vielen auswählen und seien Jahrtausende mit einer Strategie des Abwartens erfolgreich gewesen. Sozialpsychologen verweisen lieber auf gesellschaftliche Ursachen der Geschlechterdifferenz, auf Glaubenssätze wie »Bescheidenheit ist eine Zier«, auf die Verdammung »vorlauter Mädchen« oder das berüchtigte »Veilchen im Moose«, das durch die Poesiealben fast aller über 40-Jährigen geistert. Im schlimmsten Fall führt dies dazu, dass Frauen selbst unbestreitbare Tatsachen durch sprachliche Weichmacher abschwächen: »Ich meine ja nur, dass …« oder »Könnte es nicht sein …?« (→ 6. Klartext schafft Klarheit). Ob Evolution oder Sozialisation – der Befund ist derselbe: Frauen werden lieber entdeckt und gelobt, als das Scheinwerferlicht zu suchen und sich selbst zu loben. Sie warten gerne auf den Prinzen, der sie wachküssen soll. In Schule und Studium funktioniert diese Dornröschen-Strategie noch, Fleiß wird belohnt, Zurückhaltung zahlt sich aus, weil sie die Lehrer weniger stresst als das Rabaukentum mancher Jungen. Doch mit dem Eintritt ins Berufsleben ändern sich unmerklich die Spielregeln und der Rabauke von einst sitzt nach wenigen Jahren im Chefbüro, während die Musterschülerin sich als Sachbearbeiterin für ihn abstrampelt. Wer das ändern will, muss sein Verhalten ändern!

Es hat sich längst herumgesprochen: Karriere macht man nicht, weil man besonders fachkompetent und fleißig ist. Befördert

wird, wer die positive Aufmerksamkeit der »Beförderer« auf sich
zieht. Legendär ist eine Studie bei IBM, bei der Manager danach
gefragt wurden, woran es liegt, ob ein(e) Mitarbeiter(in) Karriere
macht. Kurz gesagt: an Bekanntheitsgrad, Image und Arbeits-
qualität, und zwar in dieser Reihenfolge – zu 60 Prozent an der
Bekanntheit, zu 30 Prozent am Ansehen und nur zu mageren
10 Prozent an guter Arbeit.[12] Das heißt nicht, dass Inkompetenz
sich auszahlt. Aber was nützt es, genial zu sein, wenn es keiner
mitbekommt?

 Der Trainingspartner:
»Wenn Frau nicht deutlich sagt, was sie kann, kriegt
Mann nichts mit und wählt die ›sichere Bank‹: jeman-
den, der ihm seine Verdienste so präsentiert, wie er es
gewohnt ist. Und das ist meistens – ein Mann.«

3. Sag in drei Sätzen, wofür du früher zehn gebraucht hast

Simone S. ist Abteilungsleiterin in einem Pharmakonzern. Sie
führt ein Team von 30 Mitarbeiterinnen und Mitarbeitern. Ihr
Problem: »Die Männer im Team tun nicht, was ich sage.« Anweisungen versandeten regelmäßig. »Ich rede und rede, und oft
kommt nichts dabei heraus!« Aus den Augenwinkeln sehe ich,
wie mein männlicher Trainingspartner sich schon jetzt ein Grinsen verkneift. Simone S. und er spielen die Situation gemeinsam
durch. Der Trainingspartner übernimmt die Rolle des schwieri-
gen Mitarbeiters Michael G.

Simone S.: »Danke, dass Sie gekommen sind, Herr G. Ich möchte mit Ihnen über den Innovationskreis in zwei Wochen sprechen. Sie wissen ja, der Vorstand hat als Jahresmotto ›Wir leben von unseren Innovationen‹ ausgegeben und in diesem Kontext werden demnächst Arbeitsgruppen gebildet und dafür …«

Mein Trainingspartner rutscht in seinem Stuhl tiefer, er sitzt noch ein wenig lässiger da als vorher schon. Sein Blick beginnt zu wandern, schließlich mustert er intensiv seine Fingernägel … Simone S. beugt sich vor und wird eindringlich.

Simone S.: »… und dafür sollten wir gut vorbereitet sein. In diesem Zusammenhang brauche ich von Ihnen eine übersichtliche Zusammenstellung der Produktideen, die aus dem Soloderm-Projekt entstanden sind. Da haben wir ja vor allem die Dermchampion-Linie und das Aqua-Konzept. Schön wäre, wenn Sie eine Kurzbeschreibung machen, erste Überlegungen zu den Marktchancen anstellen, Konkurrenzprodukte auflisten und die potenziellen Investitionen abschätzen …«

Das männliche Gegenüber erwacht plötzlich aus seinem Dämmerschlaf und setzt sich auf.

Michael G.: »Investitionsrechnung? Wie soll ich das denn hinkriegen?«

Simone S.: »Dafür können Sie doch mit Herrn Meyer zusammenarbeiten.«

Michael G.: »Der Meyer? Dem muss man doch immer alles dreimal erklären. Und überhaupt: Ich bin gerade mitten im Antragsverfahren für das neue Projekt und schaff das gar nicht bis zur Sitzung mit der Aufstellung.«

Simone S.: *(wird ein wenig lauter)* »Wie schon gesagt, es ist sehr wichtig, dass wir mit ein paar Ideen in die Sitzung gehen, und da Sie in beiden Projekten maßgeblich mitgearbeitet haben, sind Sie sozusagen die Idealbesetzung, und ich denke …«

Michael G.: *(fällt ihr ins Wort)* »Ist dafür nicht eher der Leiter des Soloderm-Projekts, Herr Haug, zuständig? Wie gesagt, ich bin gerade an dem neuen Projekt, und das war Ihnen ja auch wichtig. Oder soll ich das etwa zurückstellen?«

Die beiden drehen noch ein paar ähnliche Runden, Simone S. klingt zunehmend genervt und am Ende sieht es ganz so aus, als würde es tatsächlich den imaginären Projektleiter treffen. Der Trainingspartner hat sich elegant herausgewunden. Was läuft hier? Ja, das kenne sie auch, meint eine Teilnehmerin. Es erinnere sie jedes Mal fatal an Diskussionen übers Zimmeraufräumen mit ihrem 17-jährigen Sohn. Da stehe todsicher wahlweise eine Mathearbeit, das Schwimmtraining oder ein Schnupfen an, wenn es ernst werde. Mit Frauen sei das irgendwie einfacher.

»Gebt mir keinen Raum zu diskutieren!«, empfiehlt der Trainingspartner: »Wenn ihr anfangt, mit mir zu diskutieren, hab ich euch schon.« Die Frauenrunde protestiert. Wer will schon einfach »befehlen«? Er bleibt hart: Wer sich in eine Diskussion verwickeln lässt, signalisiert einem männlichen Gegenüber: Da ist noch was drin! Wenn es keinen Diskussionsspielraum gibt, brauchte man ja nicht so lang zu reden, oder? Liebe Leserin, Sie müssen zugeben: Das ist logisch. Und wenn Sie ganz ehrlich sind: Im Grunde Ihres Herzens wollen Sie doch auch, dass Ihr Gegenüber schlicht sagt: »Klar, Chefin, mach ich.« Das wird nicht immer klappen. Aber Ihre Chancen, dass Ihr Anliegen ohne viele Ausflüchte umgesetzt wird, steigen beträchtlich, wenn Sie sich erst gar nicht diskussionsbereit zeigen. Simone S. und der Trainingspartner spielen die Situation noch einmal durch, und noch mal und noch mal. Jedes Mal wird Simone S. knapper. Am Ende bleibt dies:

Simone S.: »Tag, Herr G. Ich möchte mit Ihnen über den Innovationskreis in zwei Wochen sprechen. *(kurze Pause)*
Dazu brauche ich von Ihnen eine übersichtliche Zusammenstellung der Produktideen, die aus dem Soloderm-Projekt entstanden sind, mit Marktchancen, Konkurrenzprodukten, Budget-Schätzung, und zwar bis zum 3. nächsten Monats.«
Michael G.: »Kann das nicht jemand anders machen? Ich bin gerade mitten im Antragsverfahren für das neue Projekt und schaff das gar nicht.«
Simone S.: »Ich möchte, dass Sie das machen. *(Pause)*
Wir sehen uns also wieder am Freitag nächster Woche, um Ihren Bericht vorab zu besprechen. Hier sind die Eckdaten.«
Beim ersten Satz senkt Simone S. am Ende die Stimme. Das ist wichtig, weil viele Frauen ihren Weisungen unbewusst einen fragenden Unterton verleihen, indem ihre Stimme am Ende nach oben geht. Folge: Man(n) versucht zu diskutieren. Dann schiebt sie mit einer energischen Handbewegung ein Blatt mit Stichpunkten rüber, steht auf und verabschiedet sich mit einem aufmunternden Klaps auf die Schulter (→ 11. Trau dich, Männer anzufassen [Nein – nicht überall!]).

Manche Teilnehmerinnen bekommen hier Schnappatmung. So könne man den Mitarbeiter doch nicht vor den Kopf stoßen. Doch, frau kann! Und was bewirkt das beim Mitarbeiter? In 90 Prozent der Fälle Respekt (»Ganz schön tough!«) und nichts anderes. Was Frauen für »übertrieben« und »autoritär« halten, verbuchen Männer unter normaler Chefsprache. Angenehmer Nebeneffekt: Es wird für Sie umso leichter, je mehr sich in der Abteilung herumgesprochen hat, dass man(n) mit Ihnen keine Spielchen treiben kann! Fazit: Zum Tangotanzen gehören immer zwei. Vielleicht tanzen Sie einfach mal nicht mit, wenn Mitarbeiter Sie aufs Glatteis führen wollen?

 Der Trainingspartner:
»Gebt Männern beim Anweisen keinen Raum zum Diskutieren. Sonst habt ihr schon verloren, Frauen!«

4. Hab Mitleid mit den Männern: Funktioniert ihr Gehirn etwa anders?

Kennen Sie den Witz von dem kleinen Mädchen, das nicht sprechen lernt? Bis zu seinem dritten Geburtstag hat es noch kein einziges Wort gesagt. Die Eltern sind verzweifelt. Dann, eines Tages beim Abendessen, sagt die Kleine klar und deutlich: »Der Senf fehlt.« Große Aufregung: Das ist ja großartig! Sie hat gesprochen. »Warum hast du denn bloß bisher nichts gesagt?!«, wollen die Eltern wissen. Darauf das Mädchen lakonisch: »Bisher hat ja auch noch nie etwas gefehlt.«

Was hier scherzhaft illustriert wird: Je weniger jemand sagt, desto mehr Gewicht bekommt jedes einzelne Wort. Auch wenn es am Arbeitsplatz ratsam ist, im richtigen Moment unmissverständlich auf die eigenen Verdienste hinzuweisen (→ 2. Behauptungen aufstellen – aber richtig): Mit einem spontanen Wortschwall tun

Sie sich als Frau in der Regel keinen Gefallen, vor allem, wenn Ihr Gegenüber männlich ist. »Plappern« schwächt Ihren Auftritt, einflussreiche Menschen fassen sich kurz und kommen rasch auf den Punkt. Der Kulturwissenschaftler und Dramatiker Robert Greene, der ein Buch über *Die 48 Gesetze der Macht* veröffentlicht hat, schreibt unter »Gesetz 4: Sage immer weniger als nötig«:

»*Versuchen Sie nicht, Menschen mit vielen Worten zu beeindrucken. Je mehr Sie reden, desto durchschnittlicher und machtloser wirken Sie … Mächtige Menschen beeindrucken und schüchtern ein, indem sie wenig sagen. Je mehr Sie reden, desto eher wird Ihnen eine Dummheit herausrutschen.*«[13]

Die Regel gilt für Männer wie für Frauen, doch Frauen scheinen Männern geradezu einen Vorwand zum Abschalten zu liefern, sobald sie anfangen zu erzählen und Mann den Eindruck bekommt, das könnte jetzt länger dauern. »Ich kann so schön an was anderes denken, während du redest.«, sagte unverblümt ein Ehemann in meinem Freundeskreis zur langjährig Angetrauten. Im Beruf drücken Männer sich diplomatischer aus. Eine Seminarteilnehmerin war konsterniert, von ihrem Vorgesetzten nach ihren längeren Ausführungen über den Stand eines wichtigen Projektes mit einem lapidaren »Das wird schon, machen Sie sich keine Sorgen« abgespeist zu werden. Sie habe sich doch gar keine Sorgen gemacht, sondern Anregungen erhofft. Eine andere wunderte sich über das ungeduldige »Ja, ja, alles klar«, mit dem ihr Chef ihr das Wort abschnitt, obwohl sie ihm doch gerade eine Reihe von offenen Punkten geschildert hatte.

Die schlichte These, dass »Männer nicht zuhören (und Frauen schlecht einparken)« bescherte dem Autorenduo Allan und Barbara Pease einen Megaseller. Das Berater-Ehepaar argumentierte mit Erkenntnissen der Hirnforschung, verzichtete allerdings auf detaillierte wissenschaftliche Belege. Eher kurios mutet auch eine Studie der Universität Sheffield aus dem Jahre 2005 an, die herausgefunden haben will, Männer könnten Frauen deshalb schwer zuhören, weil ihr Gehirn auf die größere Vielfalt der Klangfrequenzen von Frauenstimmen im Vergleich zu männlichen Stimmen ähnlich reagiere wie auf Musik. »Die Wissenschaftler vermuten, dass das Wahrnehmen von weiblichen Stimmen eine höhere Hirnaktivität erfordert und somit zu einer schnelleren Ermüdung führt – mit der Konsequenz, dass der Mann der Gesprächspartnerin nicht mehr folgen kann«, berichtete das Portal gesundheitspilot.de. Verschwiegen wurde, dass sich die viel zitierte Studie auf Hirnscans von nur zwölf Probanden stützte und dass aus dem Aufleuchten bestimmter Hirnregionen ziemlich weitreichende Schlüsse gezogen wurden (vgl. »Men Hear Women's Melodies«, http://discovermagazine.com). Neuropsychologen wie Lutz Jäncke von der Universität Zürich halten es dagegen für »Unfug«, Verhaltensunterschiede zwischen Männern und Frauen aus deren Gehirnen abzuleiten. »Die Unterschiede zwischen weiblichen und männlichen Gehirnen sind unbedeutend«, so Jäncke 2012 gegenüber dem Magazin *GEO*. Eher ist es so, dass wir mit Stereotypen aufwachsen und unser Verhalten daran anpassen. Frau hört, sie könne nicht einparken, versucht und übt es erst gar nicht; Mann erfährt, er sei schlecht im Zuhören, und schaltet beruhigt auf Durchzug, wenn er keine Lust auf lange Erläuterungen hat. In der Psychologie spricht man auch von der »Bedrohung durch Stereotype«, die in verschiedenen Tests nachgewiesen wurden. So schneiden etwa Mädchen bei

Mathe-Aufgaben schlechter ab, wenn sie vor dem Lösen der Aufgaben mit geschlechtsspezifischen Vorurteilen konfrontiert wurden.[14]

Was Männerhirne angeht, bin ich also Optimistin: Ich denke, die Herren der Schöpfung könnten uns durchaus zuhören, wenn sie nur wollten. Zu viele Worte liefern ihnen jedoch einen beliebten Vorwand, sich auszuklinken. Das gilt selbst auf der Teppichetage eines Großkonzerns, wie Marion Schick zu spüren bekam: »Der Personalchefin der Deutschen Telekom bläst derzeit der Wind frontal ins Gesicht«, meldete die *WirtschaftsWoche* im April 2013: Telekom-intern werde sie als »Quasselstrippe« verspottet. »Sie spricht viel, und am Ende fragt man sich: Was hat sie eigentlich gesagt?«, meinte ein namentlich nicht genannter »Topmanager«.[15] Im Sommer 2014 musste Schick ihren Hut nehmen, angeblich aus gesundheitlichen Gründen. Männer lieben also Tacheles! Den können sie haben, oder?

 Der Trainingspartner:
»Wenn Frauen viel und schnell reden, wittern Männer Unsicherheit. Warum sollten sie sonst so ›quasseln‹? Reden Sie sich also nicht um Kopf und Kragen!«

»Erwarten Sie nicht, dass Männer alles mitbekommen, was ein weibliches Gegenüber mühelos versteht! Wenn Sie schnell reden und zig Inhalte in nicht endende Rutschbahnsätze packen, schaltet Ihr männliches Gegenüber gelangweilt ab und hofft nur noch, dass Sie bald fertig sind.«

5. Kolumbus musste auch nicht nach dem Weg fragen

Die Weigerung vieler Männer, sich nach dem Weg zu erkundigen, ist ein Klassiker auf Kleinkunstbühnen. Kostprobe: »Amerikanische Wissenschaftlerinnen haben herausgefunden, warum Moses mit dem Volk Israel 40 Jahre durch die Wüste zog: Männer konnten noch nie nach dem Weg fragen!« Tatsächlich ermittelte ein britisches Versicherungsunternehmen 2010, dass Autofahrer im Schnitt 442 Kilometer Umwege pro Jahr fahren und dafür im Laufe ihres Lebens knapp 2.500 Euro zusätzlich an der Tankstelle lassen. Frauen kamen etwas günstiger davon.[16] Männer und Frauen gehen mit Fragen unterschiedlich um, und das nicht nur beim Autofahren. Manche Frage verletzt offenbar den Männerstolz.

Glauben Sie nicht? Dann werfen Sie einen Blick auf die folgende Liste. Welche dieser Fragen wurde vermutlich eher von einer Frau gestellt und welche von einem Mann?

1. »Was ich noch nicht ganz verstanden habe, ist Punkt 3. Könnten Sie mir den bitte noch einmal erläutern?«
2. »Aha. Haben Sie bei Punkt 3 auch die Studie Meyer/Distel 2012 berücksichtigt und den Ansatz von Hahnemann 2005?«
3. »Dieses Jobangebot kommt etwas überraschend. Und das trauen Sie mir zu!?«
4. »Vielen Dank für Ihr attraktives Jobangebot. Springt da auch ein Dienstwagen für mich heraus?«
5. »Ich weiß nicht, wie ich mit diesem Problem umgehen soll. Wie ist denn Ihre Meinung dazu?«

6. »Das ist weiter kein Problem. Haben wir genügend Budget, um einen externen Berater hinzuzuziehen?«

Meine Erfahrung ist, dass Frauen seltener fragen, um dem Gegenüber auf den Zahn zu fühlen (Frage 2), direkt in eine Verhandlung einzusteigen (Frage 4) oder von eigener Unsicherheit abzulenken (Frage 6). Dagegen haben Frauen in der Regel kein Problem damit, Verständnisprobleme oder Unsicherheit einzuräumen (Fragen 1, 3 und 5). Besonders verheerend kann sich das auswirken, wenn der Vorgesetzte einer Frau freudig eine Beförderung anbietet und die darauf mit einem kleinmädchenhaften »Das trauen Sie mir wirklich zu?« reagiert. Wenn Frau es sich selbst nicht zutraut, ist sie vielleicht ja nicht die Richtige für den Job … Glaubt man Personalchefs, ist das dennoch die weibliche Standardantwort, während Männer in der gleichen Situation sofort die Verhandlung über Jobinhalte, Gehalt und Dienstwagen eröffnen.

Gibt eine Frage indirekt eine Schwäche preis, beißt Mann sich lieber die Zunge ab und macht das »mit sich selber ab.« Oder können Sie sich erinnern, dass ein Mann jemals zu Ihnen gesagt hat: »Ich weiß nicht, was ich tun soll. Kannst du mir vielleicht helfen?« Und nun betrachten Sie für einen Moment die Welt durch die Männerbrille: Wenn Sie selbst es peinlich vermeiden, sich durch Fragen als ahnungslos oder unsicher zu entlarven, wie wirkt dann jemand auf Sie, der ehrlichen Herzens fragt, wenn er etwas nicht weiß? Was für Sie Interesse signalisiert, interpretiert Ihr männliches Gegenüber womöglich als Unterwerfungsgeste!

»Wenn sich nach meinem Vortrag eine Frau zu Wort meldet, will sie etwas wissen und ist an meiner Arbeit interessiert. Meldet sich

ein Mann, will er wissen, ob ich <u>seine</u> Arbeit kenne«, spottete eine Naturwissenschaftlerin in einem meiner Seminare einmal. Eine typische Männerfrage sieht ihrer Erfahrung nach so aus: *»Ich bin Clemens Superwichtig und leite das Institut für XY-Forschung an der Universität Renommierstadt sowieso. In unseren Arbeiten hat sich herausgestellt, dass … Außerdem wurden wir im Rahmen eines DFG-Projektes darauf aufmerksam, dass … Im Auftrag des Bundesforschungsministeriums haben wir daher eine Studie durchgeführt, die … … … … Und wie fließen diese Aspekte in Ihre Arbeit ein?«* Dazu passt eine linguistische Studie, die ergab, dass 70 Prozent der Fragen im Anschluss an Vorträge von Männern gestellt werden, auch wenn gleich viele Männer und Frauen im Publikum sitzen. Außerdem waren die Fragen der Frauen durchschnittlich nur halb so lang wie die ihrer Kollegen.[17] Vor dem Hintergrund des Beispiels wenig verwunderlich, oder?

Auch die Sprachforschung bestätigt, dass Männer kein Problem mit dem Auftritt in öffentlichen Situationen haben, während Frauen eher »privates Sprechen« pflegen, also persönliche Statements in kleinerem Rahmen.[18] Überlegen Sie einmal, wer beim Elternabend, in der Bürgerinitiative, nach einer Podiumsdiskussion das große Wort führt: Vor Publikum sind es häufig die Männer. In Situationen, wenn es um unverbindliche Kontaktaufnahme und menschliches Miteinander geht, etwa im Frühstücksraum des Urlaubshotels oder beim Gläschen Sekt mit den neuen Nachbarn, verfallen Männer nicht selten in Schweigen und es sind eher die Frauen, die für eine angenehme Atmosphäre sorgen. Das Vertrackte: Im Beruf gibt es viele Situationen, in denen öffentliches Sprechen gefragt ist – selbstbewusste und klare Statements mit dem Wissen um Publikumswirkung. Dazu zählen Meetings, Betriebsversammlungen, Vorstandssitzungen, Programmkonferenzen, Abteilungsleiterrunden, und und und. Aber auch Situationen, die frau fälschlich als »halb privat« einschätzen könnte, gehören hierhin, etwa wenn sich beim Betriebsfest ein Mitglied der Geschäftsführung zu Ihnen an den Tisch setzt oder wenn in der Kantine die Rede darauf kommt, wie das neue Projekt am klügsten anzugehen sei.

Machen Sie sich daher bewusst, in welchem Kontext Sie das Wort ergreifen. In vielen beruflichen Situationen befinden Sie sich auf einer Bühne und werden von den Anwesenden beurteilt, etwa hinsichtlich Ihrer Kompetenz und Durchsetzungsstärke. Je weiter Sie in der Hierarchie nach oben kommen, desto stärker stehen Sie unter Beobachtung. Stellt der Hausmeister eine unbedarfte Frage, schadet das seinem Image weniger als einer Führungskraft, wenn sie das Gleiche tut. Überlegen Sie sich also, wie Sie Fragen einsetzen und wem gegenüber Sie Unsicherheit einräumen wollen. Und entdecken Sie die Frage als Mittel der Kompetenz-Demonstration!

 Der Trainingspartner:
»Liebe Frauen, fragt mich ruhig! Wer mich um Hilfe bittet, signalisiert mir: Ich bin der King ;-))«

6. Klartext schafft Klarheit

Anna F., knapp 30, arbeitet seit drei Jahren bei einer Großbank und ist vor Kurzem zur Teamleiterin befördert worden. In ihrem achtköpfigen Team arbeiten bis auf eine Kollegin nur Männer.

Das Problem: »Obwohl ich eindeutig sage, was ich erwarte, werden meine Anweisungen von den Männern immer wieder missachtet.« F. vermutet, das könne daran liegen, dass sie jünger ist als die meisten ihrer Mitarbeiter. Im Durchbox-Training spielen wir eine typische Situation nach. Der Trainingspartner, ein Betriebswirt im Ruhestand, schlüpft in die Rolle eines älteren Mitarbeiters. Im Zweiergespräch geht es um eine Vorstandspräsentation, die ein Mitarbeiter für F. erstellen sollte.

Anna F.: »Vielen Dank für die PowerPoint-Präsentation, Herr G. Sehr gutes Material. Vor allem die Grafiken zur Kundenbefragung und das Benchmarking mit unseren Wettbewerbern.«

Hermann O. *(grinst geschmeichelt, lehnt sich zurück)*: »Ja, interessante Daten. Dürfte den Vorstand interessieren.«

Anna F.: »Sehe ich genauso. Aber könnten Sie vielleicht mal schauen, ob sich das noch knapper darstellen lässt? 25 Folien für zehn Minuten Präsentation sind etwas viel. 15 würden mir auch reichen.«

Hermann O.: »Mmh. Ich schau mal.«

Anna F.: »Gut, prima. Dann mailen Sie mir das Ergebnis bis morgen Abend.«

Hermann O.: »Alles klar.«

Anschließend fragen wir O., was er nun tun würde. »Na, ein bisschen blättern und höchstens eine bis zwei Folien rausnehmen.« Mehr nicht? »Nein, wieso? Das Ganze war doch »sehr gutes Material«. Es stellt sich heraus: Was Anna F. als höfliche, aber eindeutige Anweisung zum Kürzen verstand, kam bei O. als unverbindlicher Vorschlag an (»Könnten Sie …?«) und ging im einleitenden Lob unter. »Aber das habe ich doch nicht gemeint!«, empört sich Anna F. Mag sein, doch entscheidend ist nicht, was Sie meinen, sondern was beim anderen ankommt. Mit der einzigen Frau im Team kommt es übrigens selten zu Missverständnissen dieser Art. Dazu passt, was Claudia Peus, Professorin an der TU München und Expertin für Führung und Führungskräfteentwicklung, sagt: »In unseren Interviews sagen viele erfolgreiche Frauen: ›Ich spreche inzwischen zwei Sprachen; ich weiß, wie man männlich kommuniziert, und ich schreibe an Männer andere E-Mails als an Frauen.‹«[19]

Das Thema Männersprache – Frauensprache ist ein gut beackertes Feld, die Unterschiede sind hinlänglich bekannt. Sie wurzeln darin, dass Frauen tendenziell mehr Wert auf harmonische Beziehungen legen und beim Sprechen entsprechende Signale senden, während Männer Hierarchien ausfechten und kein Problem damit haben, in Wettbewerb zueinander zu treten. Mädchen werden dazu erzogen, für die Bedürfnisse anderer Sorge zu tragen, sich in andere hineinzuversetzen, sich zu kümmern. Jungen werden dazu weniger angehalten. Sie lernen stattdessen, sich zu wehren und durchzusetzen. Ein rauflustiges Kind ist entweder »ein richtiger Junge« oder »ein unerzogenes Mädchen«. Was bei Mädchen als »vorlaut« gilt, geht bei einem Jungen locker noch als clever durch. Die Stereotypen der Fünfziger- und Sechzigerjahre sind längst nicht verschwunden – im Gegenteil: Wer sich die »Lillifee«- und »Hello Kitty«-Kleidchen, die Rüschen- und Rosawelle anschaut, mit der schon Dreijährige zu kleinen Prinzessinnen gestylt werden, fühlt sich genau in diese Zeit zurückgebeamt. Während die Mädchen lernen, niedlich zu sein, entdecken die Jungen mit Bob dem Baumeister die Welt.

Fazit: Frau denkt meistens mit, wie es dem anderen wohl geht, und möchte nicht vor den Kopf stoßen. Das führt zu Sprachmustern, die auf der Karriereleiter wenig hilfreich sind, weil das männliche Gegenüber auf Tacheles setzt und nicht auf Andeutungen:

1. Konjunktive: »Könnten Sie mal …?«, »Würden Sie bitte …?«, »Ließe sich das nicht anders lösen?« (statt: Bitte tun Sie X, lösen Sie Y anders.)

2. Weichmacher: »vielleicht«, »irgendwie«, »eigentlich«, »vermutlich«, »sag ich mal«, »sozusagen«, »man sollte« oder »wir« (statt: »ich«)

3. Rituelles Entschuldigen: »Ich weiß, das kommt jetzt ungelegen, aber könnten Sie bitte …?«, »Tut mir leid, dass ich Sie gerade heute noch damit belämmern muss, aber …«

4. Selbstrechtfertigungen: »Das geht jetzt leider nicht anders«, »Ich weiß, das wird eng, aber die Geschäftsführung will das so«

5. Ein halbes Nein: »Eigentlich passt das jetzt schlecht«, »Lieber nicht«, »Muss das unbedingt sein? Ich würde das lieber vermeiden«

6. Selbstherabsetzungen: »Zahlen waren noch nie meine Stärke, aber …«, »Ich weiß, ich bin jetzt eine hartherzige Ziege, aber …«, »Ich hab da so ne kleine Gruppe …«

7. Viele Rückmeldesignale (ermunternde Hinweise, die als Zustimmung missverstanden werden können): »Mmh«, »Ja«, »Klar«, Nicken

8. Höflichkeitsformeln: »Es hat mich gefreut …«, »Vielen Dank, dass Sie den weiten Weg hierher gemacht haben«, sehr häufiges »Danke« und »Bitte«

9. Fragen statt sagen (→ Kap. 5 Kolumbus): »Könnten Sie das übernehmen, Herr Meier?« (statt: »Herr Meier, das übernehmen Sie!«)
10. Fragende Intonation (Die Stimme geht am Ende des Satzes unbewusst nach oben. Das wirkt unsicher und unentschlossen.)

»Zahlen waren noch nie meine Stärke, aber könnte es sein, dass sich da ein kleiner Fehler eingeschlichen hat?« – das würde kaum ein Mann sagen, aber viele Frauen reden so, selbst wenn sie absolut sicher sind, dass die vorliegende Excel-Tabelle reiner Bullshit ist. Wenn Sie in einer Männerwelt arbeiten, können Sie die Bemerkung problemlos ins »Maskulinische« übersetzen. Tun Sie es! »Die Zahlen stimmen nicht. Bitte berechnen Sie das neu.« Frauen kommunizieren indirekter, höflicher, vorsichtiger. Untereinander verstehen sie sich damit oft bestens. Ein Mann dagegen hört ein »vielleicht«, einen fragenden Unterton oder ein selbstabwertendes »Ich bin da zwar keine Expertin, aber …« und wittert seine Chance: Da geht noch was. Ganz ernst meint die das wohl nicht.

Sie machen sich das Leben also leichter, wenn Sie im richtigen Moment schnörkellos Klartext reden, ohne störende Weichmacher. Das bewahrt Sie davor, später nachbessern und doppelt energisch werden zu müssen. Dazu passt der wichtigste Karrieretipp für Frauen von Kathrin Menges, Personalvorstand bei Henkel: »Entscheidend ist, dass Sie sich klar und sachlich ausdrücken, ganz gleich, ob Sie für sich selbst oder für eine Sache eintreten.«[20] In meinen Durchbox-Trainings üben wir das ausführlich im Rollenspiel. Viele Frauen müssen sich erst an die vermeintliche »Unhöflichkeit« gewöhnen und argwöhnen, so schroff dürfe »man«

doch nicht sein. Doch sachlicher Klartext bedeutet vor allem eins: nicht um den Brei herumreden.

Das gilt auch für das heikle Thema »Nein sagen«. Damit Ihnen das Nein locker über die Lippen geht, empfiehlt die Kommunikationsexpertin Barbara Berckhan, so zu formulieren, »als würden Sie jemandem die Uhrzeit oder das Datum sagen«, also gelassen und im Tonfall der absoluten Selbstverständlichkeit.[21] Begründen Sie Ihr Nein nur kurz, verzetteln Sie sich nicht in langen Erklärungen und entschuldigen Sie sich nicht. Sonst geht Ihr Gegenüber davon aus, dass Sie sich doch noch rumkriegen lassen. Ein entschiedenes »Nein, da kann ich Ihnen jetzt nicht helfen. Ich stecke mitten in anderen Dingen« reicht völlig aus.

 Der Trainingspartner:
»Bitte keinen Wortbrei. Sagt eindeutig, was ihr wollt! Dann weiß Mann wenigstens, woran er ist.«

7. Wann Schweigen mehr bewirkt als 1.000 Worte …

Beate W., Anfang 40, ist Disponentin bei einem kleinen Mittelständler in Maschinenbau, eine untersetzte, energische Frau, die im Unternehmen beliebt ist. Ihr Büro teilt sie seit vielen Jahren mit zwei Kolleginnen. Jetzt wurde sie zur Betriebsrätin gewählt. Um dieser Aufgabe nachzugehen, braucht sie ein eigenes Büro. Im Seminar überlegen wir, wie sie den Inhaber davon überzeugen kann. W. ist pessimistisch: »Das klappt sowieso nicht!« Dabei ist die Sachlage klar: Laut Gesetz steht ihr ein eigener Raum zu, der

»abschließbar und ausreichend möbliert« sein muss. »Aber wir haben ohnehin Platzprobleme! Und auf meiner Hierarchiestufe hat niemand ein eigenes Büro!« W. fallen lauter Argumente ein, die gegen ihre Forderung sprechen.

Im Rollenspiel üben wir eine kurze Drei-Schritte-Argumentation: *»Ab dem nächsten Ersten bin ich Betriebsrätin [1].«* → *Betriebsräte brauchen ein eigenes Büro, um ihren Aufgaben nachgehen und vertrauliche Unterlagen aufbewahren zu können [2].«* → *»Also brauche ich ein eigenes Büro [3].«* Mit dieser Argumentation wird W. das Gespräch mit ihrem Chef eröffnen und alle voraussehbaren Gegenargumente (Platzprobleme etc.) an sich abprallen lassen. Sie wird die gesetzliche Grundlage nachschieben (*»Sie wissen, das verlangt auch das Betriebsverfassungsgesetz [4].«*), ansonsten aber schweigen und sich auf keine Diskussion einlassen.

Drei Tage später ein Anruf: Es hat geklappt! W. hat ihre Argumente gebracht, auf Ausflüchte (Geht nicht so schnell/Kein Platz/Reicht nicht auch der Besprechungsraum?/...) mit Schweigen oder Kopfschütteln reagiert und auf das Betriebsverfassungsgesetz verwiesen. Letzte Zuflucht des Chefs war dann der Appell ans schlechte Gewissen, ein Trick, der bei Frauen leider sehr oft zündet: *»Aber Frau W., damit bringen Sie mich jetzt wirklich in die Bredouille. Wie soll ich das bloß so schnell hinbekommen?! Wir haben uns doch bisher immer verstanden!«* Dazu ein effektvoller Seufzer und Dackelblick. W. schwieg. Guckte gelassen. Und schwieg. Und schwieg weiter. Und ertrug das gemeinsame Schweigen noch einige Sekunden lang. »In Gottes Namen«, seufzte ihr Chef schließlich. »Sie kriegen Ihr Büro.« Und schob augenzwinkernd nach: »Sie schicke ich nie mehr auf ein Frauen-Seminar!«

Die bekannte Lernforscherin und Managementtrainerin Vera
F. Birkenbihl sagte in einem Vortrag mit dem Titel »Männer –
Frauen. Mehr als der kleine Unterschied?« einmal: »Frauen reden, wenn sie ein Problem haben. Und wenn sie sein Verhalten
ändern wollen, dann reden, reden, reden sie jahrelang hin und
wundern sich, dass nichts passiert. (…) Männer handeln und
durch ihr Handeln kommunizieren sie auch einen großen Teil.«
Birkenbihl gibt ein schönes Beispiel: Ein Mann setzt sich regelmäßig mit nacktem Oberkörper an den Esstisch. Seine Frau stört
das wahnsinnig und sie redet sich den Mund fransig, ohne jeden
Erfolg. Der Gatte ignoriert es einfach. Schließlich tut sie es ihm
eines Tages gleich und zieht am Esstisch Bluse und BH aus. Der
Mann stutzt, steht auf und zieht sich etwas über. Das Problem ist
damit im wahrsten Sinne des Wortes vom Tisch.

Birkenbihl empfiehlt den Frauen, »Aktionesisch« zu lernen und
im Umgang mit Männern mehr über Handeln zu kommunizieren. Mein Trainerkollege Peter Modler spricht in diesem Zusammenhang vom »Move Talk« – nonverbaler Kommunikation
(z.B. durch Gestik, Mimik, Distanzverhalten, Schweigen). Während Männer ganz ohne Worte Reviere markieren, Dominanzen
klären und ihr Gegenüber auf Abstand halten, reihen Frauen Argumente und versuchen, ihr Gegenüber wortreich zu überzeugen
(in Modlers Diktion: »High Talk«). Schließlich haben Frauen in
der Schule gelernt, dass sprachliche Gewandtheit sich auszahlt.
Im Beruf reden sie sich damit oft um Kopf und Kragen. Je mehr
die Betriebsrätin ins Detail gegangen wäre, desto mehr Angriffs-
fläche hätte sie ihrem Chef geboten. Sie braucht das Büro für vertrauliche Gespräche? Aber wie oft finden die denn statt? – Die
Unterlagen müssen sicher verschlossen sein? Da ließe sich doch

ein kleiner Safe installieren. Usw. usw. Schweigen ist da definitiv die bessere Wahl. Es demonstriert Selbstbewusstsein und die nötige Entschlossenheit. Mehr zu Körpersprache und »Move Talk« lesen Sie im zweiten Teil des Buches.

Ein schönes Beispiel für die Wirksamkeit des Schweigens gibt Angela Hornberg, die als Investmentbankerin bei der Deutschen Bank Karriere machte: *»Immer wieder kommt es vor, dass jemand Ihren Redebeitrag durch eine Zwischenbemerkung stört. Deshalb brauchen Sie eine Taktik, um unliebsame Attacken abzuwehren – und die funktioniert wortlos. Stoppen Sie dazu zunächst Ihren Redefluss. Warten Sie einige Sekunden. Wenden Sie sich dann dem Störer zu und schauen Sie ihm in die Augen. Halten Sie es aus – den Blick, das Schweigen, die Pause. Wenden Sie sich dann dem wichtigsten Menschen im Raum zu und setzen Sie Ihren Redebeitrag fort, als wenn nichts gewesen wäre. Ich kann Ihnen versichern, dass Ihnen der Störer so schnell nicht mehr ins Wort fällt.«*[22]

 Der Trainingspartner:
»Eine Frau, die Argumente gelassen schweigend an sich abprallen lässt und nicht zurückweicht, irritiert, beeindruckt und fordert dem Mann entsprechenden Respekt ab.«

8. ... und wann frau unbedingt den Mund aufmachen sollte

»*Häufig denke ich, dass es in Besprechungen angebracht wäre, ähnlich den männlichen Kollegen etwas zu sagen, obwohl schon alles gesagt wurde, nur damit man den Mund aufgemacht hat. Das finde ich dann aber eigentlich lächerlich und unnötig.*« Seit Jahren frage ich vor meinen Durchbox-Trainings die Teilnehmerinnen per Mail, welche Fragen sie im Seminar klären möchten. Die Klage über den Redefluss der Männer in Meetings ist <u>immer</u> dabei. Inzwischen bin ich bereit, darauf eine Kiste Champagner zu wetten. Eine zweite Kiste würde ich auf den beliebten Ideenklau setzen: Frau sagt im Meeting etwas Kluges und keiner reagiert darauf. Wenige Minuten später wiederholt ein Mann, was sie gesagt hat, und alle sind begeistert von seinem (!) Vorschlag.

Was läuft da falsch? Die Rede ist hier von Meetings, an denen überwiegend Männer teilnehmen, Frauen also in der Minderheit sind. Viele Frauen gehen davon aus, dass Meetings einberufen werden, um Sachfragen zu klären und Entscheidungen zu treffen. Das ist ja auch ihre offizielle Funktion. Worum es aus männlicher Perspektive wirklich geht, haben Wolfgang Schur und Günter Weick in ihrem Handbuch für eine »Wahnsinnskarriere« wunderbar auf den Punkt gebracht: »*Ein wesentlicher Teil der Meetings findet auf der Beziehungsebene statt. Manchmal ist die soziale Komponente sogar der mit Abstand wichtigste Zweck des Zusammentreffens. (…) Kritiker [langatmiger Diskussionen] übersehen dabei vollkommen, dass es bei der Diskussion gar nicht darum geht, ob künftig auch rote Firmenwagen erlaubt sein sollen, sondern darum, Hackordnungen im – vorwiegend männlichen – Rudel entweder infrage*

zu stellen, zu verteidigen oder zu zementieren. Wer das nicht ver-
steht, wird auch auf der Sachebene kaum einen Stich machen
können.«[23] Konsequent empfehlen sie, Meetings nicht nach der
Relevanz der Fragestellung, sondern nach der Relevanz der Teilnehmenden zu beurteilen. Das bedeutet: Ein Brainstorming zur
Jubiläumsfeier in Anwesenheit des Inhabers ist wichtiger als die
Sitzung zur neuen Vertriebsstrategie mit den Abteilungsleitern,
auch wenn es im ersten Fall um Blumenschmuck und Menüfolge
geht und im zweiten vielleicht um das Überleben der Firma. Das
mag frau lächerlich finden. Aber sich darüber zu beklagen ist ungefähr so wirksam wie die Klage über schlechtes Wetter.

Männer reden so viel in Meetings, weil sie damit zeigen: »Ich
bin da!« Und: »Ich bin wichtig!« Sie kämpfen um die Aufmerksamkeit der ranghöchsten Person im Raum. Das ist normalerweise der Chef, gelegentlich eine Chefin. Wenn mehrere Männer
im Raum sind, nimmt dieses Statusgerangel geraume Zeit ein.
Das Ganze beginnt schon, bevor das erste Wort gesprochen
wurde. Beobachten Sie einmal, wer die Nähe zu den Mächtigen
sucht und entsprechend Platz nimmt. Mancher versteht es geschickt, den »Rudelführer« schon auf dem Gang abzupassen und
im vertrauten Small Talk mit ihm gemeinsam den Raum zu be-
treten. Das gibt dicke Statuspunkte. Dann redet man(n) sich erst
einmal warm und testet sich gegenseitig an. Ich war einmal Zeu-
gin, wie zwei Platzhirsche minutenlang mit ihren sozialen Kontakten protzten. Der eine kannte diesen, der andere jenen. Aber
kannte der Erste auch Herrn X? Nein, aber dafür den XY von der
Sowieso-AG. Das Ganze erinnerte an Achtjährige, die sich beim
Autoquartett gegenseitig PS-Zahlen und Hubräume um die Ohren schlagen. Es endete unentschieden.

Wenn eine Frauenidee verpufft, kann das daran liegen, dass Frau einfach zu früh damit herausplatzt. Solange die Rangordnung nicht feststeht, macht es keinen Sinn, ernsthaft über Inhalte reden zu wollen. Es bringt auch relativ wenig, aus den hinteren Reihen einen Vorschlag in die allgemeine Runde zu werfen. Die Gefahr ist groß, dass sich keiner richtig angesprochen fühlt (»Hat die hier was zu sagen?«) oder dass ein cleverer Kollege die Idee registriert und etwas später als seine verkauft. Wenn Sie in einem Meeting, das nach männlichen Regeln gespielt wird, etwas erreichen wollen, sollten Sie den eigenen Status im Auge haben. Setzen Sie sich so hin, dass Sie gut sichtbar sind und Blickkontakt zum Vorsitzenden haben, das heißt vorne. Besetzen Sie Raum, breiten Sie Unterlagen aus, damit man Sie nicht auf Ellenbogenbreite einklemmen kann. Mit Laptop, Ordner, Timer usw. lässt sich da einiges ausrichten. Wenden Sie sich nicht an die ganze Runde, sondern immer an die ranghöchste Person. Wenn die Ihren Vorschlag registriert, tun es auch die anderen. Meine Kollegin Marion Knaths hat dies auf die prägnante Formel »Immer an die Eins!« gebracht, und Bankerin Angela Hornberg hat das im letzten Kapitel in ihrem Hinweis auf die Schweigestrategie wunderbar bestätigt. Und das Allerschwierigste für viele Frauen: Besetzen Sie Redezeit! Zeit ist Macht. Wenn es Ihnen zu blöd ist, einfach zu wiederholen, was Kollege X vor geraumer Zeit schon sagte, bringen Sie ergänzende Aspekte, fassen Sie Kontroversen zusammen und sprechen Einigungsmöglichkeiten an, zitieren Sie Autoritäten. Nur eines sollten Sie vermeiden: Dass keiner Sie beachtet, bis die Frage »Wer schreibt eigentlich das Protokoll?« auftaucht.

Der Trainingspartner:
»Wollen Sie im Meeting gewinnen oder sich in den Schmollwinkel flüchten? Könnte frau sich vielleicht mal etwas abgucken, ohne dass der Prinzessin ein Zacken aus der Krone bricht!?«

KÖRPERSPRACHE:
VON FLATTERROCK BIS LÄCHELREFLEX

»Wenn du denkst, dass du zu klein bist, um Einfluss zu haben, dann versuch mal, mit einem Moskito ins Bett zu gehen.«
Anita Roddick (Unternehmerin, Body-Shop-Gründerin)

»Die meisten Menschen geben ihre Macht auf, indem sie denken, sie hätten keine.«
Alice Walker (Schriftstellerin und Aktivistin)

Quizfrage: Wie sieht eine Führungsperson aus? Vor dem geistigen Auge der meisten Menschen taucht hier eine Art Fernseh-Kapitän auf: ein Mann um die 50, mit grauen Schläfen, mindestens 1,80 Meter groß. Tiefe Stimme, raumgreifende Gestik.

Wie ist es bei Ihnen? Auch körpersprachlich besitzen Männer augenscheinlich einen Karrierevorteil, denn sie entsprechen dem Stereotyp einer Führungskraft. Stereotypen sind geronnene Erfahrungswerte, reduzierte Bilder. Frauen sind meist kleiner, zarter, mit weniger Stimmgewalt ausgestattet als Männer; Führung wird ihnen schon deswegen weniger zugetraut. Doch man kann sich täuschen. Eine der mächtigsten Frauen der Welt, die frühere US-Außenministerin Madeleine Albright, misst gerade einmal 1,47 Meter. Und niemand käme auf die Idee, Ursula von der Leyen angesichts Kleidergröße 34 und 1,61 Meter als durchsetzungsschwach zu verkennen. Allerdings tritt sie auch anders auf als ein mädchenhaftes Girlie. Frau Roddick und Frau Walker haben also völlig recht: Einfluss hat nichts mit Größe zu tun, aber viel mit der richtigen Haltung – im übertragenen wie im wörtlichen Sinne.

9. Vom Nutzen der Uniform

»*Im letzten April hatte ich einen Vortrag auf einer wichtigen Tagung in P. Ich war gut vorbereitet und passend gekleidet (fand ich), in weißer Bluse und Baumwollhose. Bei der anschließenden Fragerunde fing einer der Teilnehmer an, mich aggressiv und herablassend zu befragen, wie in einer Prüfung. Ich kam einigermaßen da raus, war aber nicht zufrieden. Im September stand ich mit demselben Vortrag wieder auf der Bühne, dieses Mal in K. Ich hatte einige Folien verändert und trug ein Kostüm. Nach der Präsentation kam derselbe Teilnehmer auf mich zu. ›Oje, was will der jetzt?‹, dachte ich. Doch der Typ streckte die Hand aus und gratulierte mir: ›Sind Sie die Gruppenleiterin der Studentin, die in P. präsentiert hat?‹ – ›Ja‹, behauptete ich einfach. – ›Das merkt man, der Vortrag war heute um Längen besser!‹*«

Diese Geschichte ist wirklich so passiert. Meine Seminarteilnehmerin konnte es nicht fassen, wie viel ihr Kostüm bewirkt hatte. Die Änderungen an den Folien waren überschaubar. Wer

wie eine Studentin aussieht, wird wie eine behandelt und exami-
niert. Wer wie eine Kollegin aussieht, wird ernst genommen. So
einfach ist das.

Ich warne Sie schon einmal vor: Dieses Kapitel wird einige von
Ihnen richtig ärgern. Aber die Welt ist, wie sie ist, und nicht, wie
Sie und ich sie gerne hätten. Vielleicht sind Sie eine modebewusste Frau mit toller Figur, Sie kleiden sich gern schick und mit
einem Hauch Sexappeal. Sie genießen die Komplimente, die man
Ihnen macht. Oder aber Sie finden, es gibt im Leben Wichtigeres,
als halbjährlich wechselnden Modetrends hinterherzulaufen. Sie
kleiden sich gern praktisch, eher lässig und haben seit Ihrer Aus-
bildungszeit nicht viel an Ihrem Kleidungsstil geändert. Oder
noch mal anders: Sie gehören zu den Umweltbewussten und setzen auf Öko-Labels, Bio-Baumwolle oder Wolle in Naturtönen
oder kräftigen Farben, mit echten Holz- oder Perlmuttknöpfen.
Im ersten Fall steckt man Sie mit hoher Wahrscheinlichkeit in die
Schublade »Weibchen«. Im zweiten sind sie das »nette Mädel«,
das man(n) gerne für Aushilfsdienste einspannt. Und im dritten
Fall steht auf der Schublade sehr wahrscheinlich »Öko-Tussi«, in-
klusive Gutmenschverdacht und Verdacht auf Durchsetzungs-
schwäche. Auf keiner der Schubladen steht »Karriere-Konkur-
rentin« oder »(potenzielle) Führungskraft«.

Wir alle wissen um die Macht des ersten Eindrucks und um die
Rolle, die das Äußere bei der Einschätzung eines Menschen spielt.
Im Frühjahr 2014 kursierte ein erschreckendes Video im Internet: Ein nachlässig gekleideter junger Mann bricht auf der Straße
zusammen. Obwohl er um Hilfe bittet, eilen alle vorbei. In einem
zweiten Versuch trägt derselbe Mann am selben Ort Anzug und
Krawatte. Sofort sind Passanten zur Stelle, die sich über ihn beu-

gen und sich besorgt erkundigen, was ihm fehlt.[24] Daher empfehle ich Ihnen: Wenn Sie am Arbeitsplatz ernst genommen
werden und aufsteigen wollen, sollten Sie nicht anziehen, was Ihnen gefällt, sondern was Ihnen nützt. Es gibt genügend andere
Schlachten, die Sie schlagen müssen. Wollen Sie wirklich ohne
Not ein weiteres Problemfeld eröffnen?

Die Erfahrung der eingangs zitierten Wissenschaftlerin bildet
keine Ausnahme. In einer Frauenzeitschrift wurde im Januar 2014
die Abteilungsleiterin für Personal in einem großen Energiewirt-
schaftsunternehmen porträtiert. Die 32-jährige Juristin führt
knapp 200 Mitarbeiter und ist eine der wenigen Abteilungsleite-
rinnen im Konzern. Sie mache ihren Job gut, erklärt das Magazin,
setze sich mit ihrer »modisch-weiblichen Kleidung« allerdings
von den anderen weiblichen Führungskräften ab. »*Wenn eine
Frau mit Flatterröcken auftritt, statt sich mit dunklem Hosenanzug
als Arbeitsuniform und herbem Auftritt den Männern anzupassen,
hat sie einen schweren Stand*«, sagt die Führungsfrau, die anonym
bleiben will, und die Reporterin ergänzt: »Noch bevor sie den Job
angetreten hatte, kochten die Gerüchte hoch: Die kann es nicht,
das ist eine Gans ohne Erfahrung. Wie die schon rumläuft. Das ist
nur ein Experiment, bald ist die wieder weg ...«[25]

Vielleicht liegt es an dem mit den Jahren zunehmenden Prag-
matismus: Ich frage mich, warum die Personalmanagerin den
Flatterrock nicht bis zum Wochenende im Schrank lässt und auf
die Führungsuniform umsteigt, wenn sie sich dieser Wirkung bewusst ist und ihr der Unternehmenswind auf diese Weise noch
etwas härter ins Gesicht bläst. Sie könnte eine Menge Energie
sparen, wenn die nonverbale Botschaft stimmte. Sie müsste nicht
in jedem Gespräch erst mal beweisen, dass sie kein harmloses

»Weibchen« ist und dass sie ihren Job versteht. Und sie wäre wahrscheinlich auch nicht in dem Maße unter Vorläufigkeitsverdacht geraten.

Wie sieht die typische »Karriereuniform« aus? Sie orientiert sich in traditionellen Branchen tatsächlich sehr stark an dem, was Männer dort tragen: (Teurer) Hosenanzug, nicht zu körpernah, geschlossene Schuhe, Bluse analog zum Hemd (oder hochwertiges T-Shirt), wenig Schmuck. Kein Dekolleté, keine betonte Taille, keine Blümchen, keine Rüschen, keine Flatterröcke, keine Sandalen, keine nackten Beine, keine High Heels, sondern mäßige Absätze. Allenfalls etwas frischere Farben als in der grau-blau-schwarzen Männerwelt. Schon beim Kostüm ist Vorsicht geboten: Wenn Sie Pech haben, starrt man(n) Ihnen auf die Beine, statt sich mit Ihren Argumenten auseinanderzusetzen. Das kann von Vorteil sein, wenn Sie einen externen Verhandlungspartner über den Tisch ziehen möchten. Im eigenen Unternehmen erweisen Sie sich damit einen Bärendienst. Und falls Sie glauben, Akademiker seien über so etwas erhaben: Ich habe schon in Assessment-Centern mitgewirkt, in denen die Prüfer hinterher mehr über die Beine der Bewerberinnen als über deren Kompetenzen diskutierten. Eingestellt wurde meist ein Mann, oft mit dem Argument, eine attraktive Frau, die ihre Reize auch noch betont, bringe »nur den Laden durcheinander« (→ 14. Der Fluch der Schönheit). Offiziell findet man natürlich einen anderen Ablehnungsgrund. Ein zentrales Anliegen in meinen »Frauenversteher-Seminaren« für männliche Führungskräfte ist übrigens: Wie sage ich meiner Mitarbeiterin, dass sie zu sexy gekleidet ist, ohne dass sie das als Anmache missversteht? Gestandene und hoch dekorierte Institutsleiter üben in aufwendigen Rollenspielen, wie sie einer Frau sagen, dass ihr Ausschnitt zu tief ist und dass spätestens, wenn sie sich erklärend über den Tisch beugt, alle wissenschaftlichen Inhalte vergessen sind.

Die Möglichkeiten strategisch kluger Bürokleidung sind also recht beschränkt, und ich werde sie Ihnen jetzt nicht mit dem Hinweis auf ein »schönes Seidentuch« oder ein »interessantes Schmuckstück« schönreden. Beides ist zwar »erlaubt«, macht für modebewusste Frauen den Kohl aber auch nicht fett. Uniform bleibt Uniform. Das mag langweilig sein, hat aber auch Vorteile, und nicht nur den, dass Sie das »Was ziehe ich an?«-Problem am Morgen los sind. Die richtige Uniform sorgt nach außen für Respekt und gibt nach innen Sicherheit. Das gilt nicht nur im Büro. Die bekannte Fotografin Herlinde Koelbl hat 2012 einen Bildband unter dem Titel *Kleider machen Leute* veröffentlicht. Ihr Buch erweckt die abgedroschene Redewendung eindrucksvoll zum Leben. Ob Schornsteinfegerin oder Bischof, General oder Bergmann in Paradeuniform: Stets verändern sich mit der Kleidung auch Haltung, Mimik und Blick. Der Körper strafft sich, der Blick wird selbstbewusster und kühler. Auf der Website der Fotografin können Sie sich ein Bild davon machen.[26] Ich kenne Kolleginnen, die augenzwinkernd von ihrem »Kampfanzug« sprechen, wenn sie in nüchternem Outfit ins Büro gehen, auch wenn sie im Etuikleid hinreißend aussehen würden.

Ob es uns gefällt oder nicht: Frauen stehen im Job unter verschärfter Beobachtung, sobald sie das traditionelle Frauenterrain verlassen. Ein Mitglied des Pressestabs der früheren US-Außenministerin Hillary Clinton sagte einmal: »Die Story dreht sich nie darum, was sie [Clinton] sagte. Die Story dreht sich immer darum, wie sie aussah, als sie es sagte.«[27] Wenn Sie sich mächtige

Frauen wie Hillary Clinton, Angela Merkel oder Christine Lagarde anschauen, werden Sie Flatterröcke vergeblich suchen. Sie tragen Uniformen des Erfolgs und sie wissen, warum.

 Der Trainingspartner:
»Männer reagieren wie ferngesteuert, wenn Frauen zu sexy gekleidet sind. Sie mutieren zum Orang-Utan. Da reichen ein enger Rock oder rote Pumps.«

»›Uniform‹ heißt: in unangreifbare Form gebracht! Locken Sie den Neandertaler im Mann nicht durch mädchenhafte Kleidung hervor!«

10. Vergiss Mädchen-Hip-Hop

In unseren Durchbox-Seminaren proben wir häufig, wie frau öffentlich redet oder etwas präsentiert. Die Teilnehmerin kommt in den Raum, geht zum Flipchart, begrüßt die Zuhörerinnen und beginnt ihren Vortrag. Bei sehr vielen knickt spätestens, wenn sie vorne angekommen sind, die Hüfte ein, oft wird auch noch der Kopf ein bisschen schräg gelegt. Wenn der Trainingspartner einen ruppigen Tag hat, fragt er an dieser Stelle, ob wir uns bei Heidi Klum im Topmodel-Contest befänden? In der Tat ist das die typische »Model stoppt auf dem Laufsteg« Haltung, die weibliche Reize ausspielt, aber alles andere als sachkompetent wirkt. Viele Frauen nehmen diese Haltung unbewusst und ganz automatisch ein. Ihnen ist nicht klar, dass sie damit ein Flirtsignal aussenden, das Männer unweigerlich von ihren inhaltlichen Anliegen ablenkt. Kommunikation auf Augenhöhe sieht anders aus. Die Lösung ist ganz einfach: Wer einen Standpunkt hat, steht! Und zwar mit beiden Beinen fest auf dem Boden, wie beim Sport, wenn es heißt: »Füße schulterbreit auseinander.«

Häufig fragen Teilnehmerinnen an dieser Stelle empört, ob sie ihre Weiblichkeit etwa völlig verleugnen sollen? Das wirft die Frage auf, welches Konzept von »weiblich« hier gemeint ist. Nehmen wir einmal Barbie. Seit 1959 wurden weltweit eine Milliarde Barbies verkauft, heute sind es jährlich 80 Millionen, Minute für Minute 152.[28] Für Doris Krumpholz, Professorin an der Fachhochschule Düsseldorf, verkörpert die Puppe mit der blonden Haarmähne ein »weibliches Geschlechtsrollenstereotyp unserer Zeit« – eine Mischung aus Kindchenschema (kleine Nase, große Augen, rotes Mündchen) und Sexsymbol (großer Busen, Wespentaille, überlange Beine, blonde lange Haare).[29] Barbie zelebriert ein Weiblichkeitsideal, das ganz auf sexuelle Attraktivität und Niedlichkeit setzt, noch dazu mit Körpermaßen, die weit vom biologisch Möglichen entfernt sind. Der Künstler Nickolay Lamm hat eine Barbie mit realistischen Körpermaßen gestaltet (»What If Barbie Looked Like A Real Women?«) und in seinem Blog gepostet. Werfen Sie einen Blick darauf – es lohnt sich![30]

Man kann sich Barbie wunderbar im Abendkleid, als Model oder zur Not noch als Krankenschwester oder Stewardess vorstellen. Aber als Firmenboss? Als Ärztin? Als Pilotin? Barbie wartet darauf, von Ken geheiratet zu werden. Ihr Lebensinhalt sind schöne Kleider. Es erschreckt mich, wie stark sich junge Mädchen und Frauen heute nach diesem Vorbild stylen: lange Haare, figurbetonte Kleidung, aufwendiges Make-up. Alles nur Äußerlichkeiten? Ich lasse mich nur zu gern vom Durchmarsch der Girlies in die Chefetagen widerlegen, doch einstweilen bin ich skeptisch. Die Berliner Pädagogikprofessorin Renate Valtin hat Hunderte Grundschulaufsätze aus den Jahren 1980 und 2010 analysiert. Weit häufiger als vor 30 Jahren schreiben Mädchen Sätze wie »Ich bin gern ein Mädchen, weil ich mich schminken kann« oder »weil ich schöne Sachen anziehen kann«.[31] 2010 veröffentlichte die britische Publizistin Natasha Walter ein viel beachtetes Buch unter dem Titel *Living Dolls. Warum junge Frauen heute lieber schön als schlau sein wollen.* Das Cover ziert, Sie ahnen es, eine Barbie.[32]

Die unbequeme Wahrheit lautet: Wenn Sie als Frau ernst genommen werden und auf der Karriereleiter mitklettern wollen, tun Sie sich mit Signalen der Schutzbedürftigkeit und sexuellen Attraktivität keinen Gefallen. Möglicherweise sollten wir unsere Vorstellungen von *Weiblichkeit* erweitern? Es gibt lohnendere Vorbilder für Frauen als Barbie: Regisseurinnen, Journalistinnen, Wissenschaftlerinnen, Topmanagerinnen. Mädchenhaften Hüftknick und Barbiemaße sehe ich da nicht.

 Der Trainingspartner:
 »Wie möchten Sie wahrgenommen werden: als jemand mit schmaler Taille – oder als jemand mit guten Argumenten?«

11. Trau dich, Männer anzufassen
(Nein – nicht überall!)

Die Szene ist legendär: Auf dem G8-Gipfel 2006 sitzt Angela Merkel mit anderen Staatenlenkern schon am Konferenztisch, als der US-Präsident George W. Bush etwas völlig Überraschendes tut. Er tritt blitzschnell hinter Frau Merkel und verpasst ihr eine unfreiwillige Schultermassage. Merkel macht gute Miene zum bösen Spiel, aber ihre Verlegenheit lässt keinen Zweifel daran, dass sie weiß, was gespielt wird: »So norden wir in den USA Frauen ein, die sich einbilden, was zu sagen zu haben«, lautet ein spöttischer Internetkommentar zum Video.[33] David Letterman verglich diese Szene in seiner Show mit einer anderen, in der einem tollpatschigen Kellner das Tablett aus den Händen glitt und Merkel fünf Bier in den Nacken bekam. »What's worse, Angela Merkel?«, fragte der Talkshow-Moderator spöttisch. Eindeutig Bush, so seine Antwort.[34]

Männer nutzen Berührungen als Geste der Dominanz. Wer den anderen anfasst, demonstriert gleichzeitig seine Überlegenheit. Sie finden nichts dabei, wenn Ihnen der Chef mal die Hand auf den Arm legt? Nun, dann stellen Sie sich vor, es wäre anders herum: Können Sie Ihrem Chef problemlos die Hand auf seinen Arm legen? – Eben. Jemanden am Arm zu fassen ist eine sehr verbreitete Dominanzgeste. Das können Sie in den Fernsehnachrichten beobachten, wenn sich Staatsmänner begrüßen. Legt der eine dem anderen die Hand auf den Arm, revanchiert der sich sofort mit derselben Geste. Oder er setzt noch eins drauf und fasst sein Gegenüber an der Schulter. Vorläufiger Waffenstillstand oder Sieg nach Punkten!

Was das mit Selbstbehauptung am Arbeitsplatz zu tun hat, zeigt die folgende Geschichte. Die Hauptperson ist eine weltweit hoch angesehene habilitierte Wissenschaftlerin, die in einem DAX-Unternehmen in der Forschung arbeitet.

»Ich wurde als einzige Frau in den zehnköpfigen Führungskreis meines neuen Arbeitgebers berufen. Mein Vorgesetzter war der Meinung, dass das Unternehmen von meinen Erfahrungen sehr profitieren würde. Er erwarte außerdem aktive Mitarbeit an der Umstrukturierung, teilte er mir mit. Ein Teil der Probleme im Unternehmen geht auf das Konto von Grabenkämpfen und Profilneurosen einzelner Alphamänner. Die Stimmung unter den Mitarbeitern und Mitarbeiterinnen ist schlecht. Insbesondere mit einem Führungskollegen hatte ich selbst schon unangenehme Erfahrungen gemacht. Er riss jede Besprechung an sich, präsentierte sich selbst als der Größte, ließ andere nicht zu Wort kommen. Ich selbst melde mich in Meetings erst zu Wort, wenn ich inhaltlich hundertprozentig sicher bin. Außerdem möchte ich nicht überheblich wirken. Ergebnis: Ich ließ mich mundtot machen und war das Mauerblümchen im Führungskreis. Für mein Standing im Unternehmen war das denkbar schlecht.

Im letzten Meeting habe ich deshalb erst gar nicht darauf gewartet, dass der Kollege wortreich loslegt, sondern ich ergriff gleich nach der Einleitung des Chefs selbst das Wort. Alphamann versuchte alles, um seine Vormachtstellung zurückzuerobern. Ich blieb hart, saß aufrecht und sagte sehr langsam und deutlich: »Lassen Sie mich bitte ausreden.« Er dachte gar nicht daran, sondern herrschte mich an: »Ich bin noch nicht fertig!« Ich, ganz kühl: »Wenn ich mit meinen Ausführungen fertig bin, höre ich Ihnen gerne zu. Bis dahin bitte ich Sie um Aufmerksamkeit.« Glücklicherweise konnte nie-

mand sehen, wie weich meine Knie dabei waren. Mein Kontrahent
gab keine Ruhe. Nun ergriff ich die letzte Maßnahme, die ich, wie
Sie wissen, mit unserem Trainingspartner mehrfach geprobt hatte:
Ich stand auf, schritt langsam und mit erhobenem Kopf und weiter-
sprechend um den Tisch herum, packte Alpha kurz am Arm und
sagte in aller Ruhe: »Wir wollen hier doch fair miteinander umge-
hen!« (Dabei die Stimme am Ende unten und nicht oben, um ihm
nicht das Gefühl zu geben, dass ich ihn um Erlaubnis frage.) Alpha
war wie vom Donner gerührt und brachte keinen Ton heraus. Mein
Chef saß mit offenem Mund und leicht grinsend am Tisch und
zwinkerte mir fast unmerklich zu.«

Mit Reden allein war die beschriebene Situation nicht zu lösen.
Im Training sind Frauen immer wieder verblüfft, wie wirksam so
ein entschlossener nonverbaler Schachzug sein kann. Ich versi-
chere Ihnen, das funktioniert, auch wenn wir einen beliebigen
Trainingspartner von der Straße holen. Vielleicht probieren Sie es
aus, beispielsweise, wenn Sie wieder mal das Gefühl haben, ein
Handwerker nimmt Ihre Anliegen nicht ernst und will sich
gleichgültig an Ihnen vorbeischieben, obwohl Sie mit ihm reden.
Stellen Sie sich ihm bewusst auf Armeslänge in den Weg und heben Sie die Hand mit einem energischen »Stopp!«. Das wirkt
Wunder. Den meisten Frauen ist ein solches Verhalten fremd und
spätestens dann unangenehm, wenn sie den Mann auch noch
mit dem passenden Nachdruck anfassen sollen. Hier kommt es
in der Tat auf die Dosis an: Ein sachter Stupser bringt nichts,
ein aggressives Klammern überzieht. Im Training üben wir das
richtige Maß, beispielsweise wenn es darum geht, einen männlichen Gesprächspartner sanft, aber unmissverständlich aus dem
Büro hinauszukomplimentieren: aufstehen, sich in Richtung Tür

wenden und den nachfolgenden Mann, wenn das alles nicht reicht, mit der flachen Hand am Rücken noch ein wenig anschieben.

Meistens gibt es Protest. »Das kann man doch nicht machen!«, meinen etliche Frauen. Wie sich der Mann denn fühle, so herumgeschoben zu werden? Fragt man den Trainingspartner, was er empfindet, kommen Äußerungen wie: »Na ja, sie ist der Boss. Und das hat sie mir jetzt mal gezeigt.« Oder: »Hätte ich nicht gedacht, dass die so viel Schneid hat.« Da schwingt dann durchaus Anerkennung mit. Dominanzgesten sind für Männer weniger problematisch als für Frauen, weil sie selbst damit arbeiten und es gewöhnt sind. Peter Modler hat diesen männlichen »Move Talk« in seinen Büchern als Erster beschrieben. Er unterscheidet:

- »High Talk«: intellektuelle verbale Äußerungen. Das ist der Lieblingsmodus vieler Frauen: »vernünftig« darüber reden, Sachargumente bringen, sich mit dem anderen verbal auseinandersetzen. In Schule und Uni wird der Mythos gepflegt, dass es vor allem darauf ankäme. Zum Gegenbeweis stellen Sie sich einmal vor, wie viel es bringen würde, mit dem Alphamann aus dem Beispiel oben über Gesprächskultur diskutieren zu wollen.
- »Small Talk«: verbal, nicht intellektuell. Persönliche Äußerungen, in denen es nicht um Sachpositionen oder Erkenntnisse geht, sondern um Nebensächlichkeiten und Frotzeleien. Small Talk ist nicht nur der unverbindliche Austausch übers Wetter, das kann auch ein wirksamer kleiner Angriff sein. Ein Beispiel finden Sie im ersten Kapitel (→ Wer Fußballerisch kann, ist klar im Vorteil), wo die Frau den drängelnden Kol-

legen mit einem schlagfertigen »Für so etwas brauchen wir Franzosen keine Verabredung« in die Schranken weist.

- »Move Talk«: nonverbale, körperliche Reaktionen. Dies betrifft Haltung, Gesten, Blick, Mimik, Distanzverhalten, Schweigen, wenn man so will: alles, was ein Pantomime auf der Bühne einsetzen könnte. Ein Beispiel für Move Talk ist die im 7. Kapitel empfohlene Strategie, jemanden, der einem ins Wort fällt, mit bohrendem Blick und bedeutungsvoller Pause nonverbal zum Schweigen zu bringen (→ 7. Wann Schweigen mehr bewirkt als 1000 Worte …).

Vielleicht beobachten Sie in den nächsten Tagen einmal, wie routiniert Männer »Move Talk« im Alltag einsetzen, vom Breitbeinig-Dasitzen in der U-Bahn (»Mein Revier, meine Bank!«) über die typische Kumpelbegrüßung mit dem scherzhaften Boxen (»Wir tun uns nix, wir mögen uns!«) bis zum Aufpumpen in der Sitzung, bevor man dem Gegner Kontra gibt. Move Talk ist die wirksamste Form der Kommunikation. Es bringt nichts, auf Move Talk mit intellektuellen Argumenten zu reagieren. Wenn Ihnen jemand zu nahe kommt, hilft Ihnen nur eine energische körperliche Reaktion, kein flotter Spruch und erst recht keine Diskussion über sexuelle Belästigung. Und wenn Ihnen jemand in Sitzungen notorisch die Sicht auf den Vorsitzenden nimmt, müssen Sie sich entweder selbst besser platzieren oder Ihren Nebenmann am Arm fassen und ihn mit einem gespielt harmlosen »Pardon« wieder in eine normale Sitzposition dirigieren. Nonverbale Signale bewähren sich vielfach beim Umgang mit Mitarbeitern und Kollegen. Tabu sind Berührungen nur im Umgang mit dem Chef (Ausnahme: Extremsituationen wie sexuelle Belästigung). Sehr wirksam ist Move Talk auch bei Anweisungen: Eine kurze Formulierung, Unterlage rüberschieben, dem Mitarbeiter kurz auf den Arm klopfen und aufstehen, statt lange darum herum zu reden (→ 3. Sag in drei Sätzen, wofür du früher zehn gebraucht hast). Das ist ungewohnt und das muss frau üben.

Risikolos ausprobieren können Sie das mit der »Königinnenhaltung« in jeder belebten Fußgängerzone oder Bahnhofshalle, gerade wenn Sie zu denen gehören, die sonst immer ausweichen oder gern mal angerempelt werden: Richten Sie sich auf, heben Sie den Kopf, gehen Sie zielstrebig und energisch. Machen Sie kraftvolle, aber nicht zu schnelle Bewegungen – kurz: Schreiten Sie wie eine Königin. Sie werden feststellen, dass sich das mit den Remplern erledigt hat und die Menschen Ihnen plötzlich ausweichen. Wer stellt sich schon einer Königin in den Weg?

 Der Trainingspartner:

»Wenn eine Frau meint, sie hätte schon dreifach Grenzen überschritten, nimmt der Mann gerade mal wahr, was läuft oder gemeint ist.«

12. Die Saloon-Regel

Aus einer der vielen Fernsehdiskussionen zum Fall Hoeneß Anfang 2014: Die üblichen Talkshow-Verdächtigen diskutieren zum Thema Steuerhinterziehung und Moral. Ein wenig aus dem Rahmen fallen lediglich ein Altlinker, der sich überraschend auf die Seite des prominenten Multimillionärs schlägt, und eine Juristin, deren fachliche Expertise gefragt ist. Der Altlinke, um die 60 Jahre alt, hat nicht

viel zur Sache anzumerken, strahlt aber eine beneidenswerte Sou-
veränität aus: Er sitzt breitbeinig da, hat beide Arme lässig auf den
Sessellehnen abgelegt und betrachtet die Juristin ihm gegenüber zu-
rückgelehnt und mit schon fast unverschämter Geringschätzung.
Die bringt zwar mit ruhiger Stimme die Dinge kompetent auf den
Punkt, schafft es aber trotzdem nicht, sich zu behaupten. Die knapp
40-Jährige sitzt schmal und schräg, mit zusammengepressten Kni-
en da, die Hände im Schoß gefaltet. Zu allem Überfluss hat sie das
eine Bein übergeschlagen und um das andere gewickelt. Die offe-
nen blonden Haare verstärken den mädchenhaft-schüchternen
Eindruck. Mit der dröhnenden Stimme ihres Gegenübers kann sie
nicht mithalten. Ich weiß nicht mehr, wer moderierte, aber ich
weiß noch genau, wie sehr es mich ärgerte, dass diese hochkompetente Frau mit Pauken und Trompeten unterging, obwohl ihr
schnöseliges Gegenüber nichts Erwähnenswertes beizutragen
hatte.

Körpersprache schlägt Sprache, das wissen wir seit Jahrzehnten, auch wenn die gern zitierte 7-38-55-Regel von Albert Mehra-
bian inzwischen methodischer Kritik ausgesetzt ist. Aus Laborex-
perimenten in den Sechzigerjahren zog der US-Psychologe den
Schluss, dass kommunikative Wirkung nur zu 7 Prozent vom
Inhalt, zu 38 Prozent von der Stimme und zu 55 Prozent von der
Körpersprache abhinge. Diese Prozentpunkte pauschal auf Alltagssituationen zu übertragen ist Unsinn, doch an der Grundten-
denz besteht kein Zweifel: Es nützt nichts, die besseren Argumente zu haben, wenn man sie nicht glaubwürdig »verkörpern«
kann. Auch mit Stummschaltung des Fernsehers hätte man erkennen können, wer die eingangs geschilderte Talkrunde domi-
nierte. Das illustriert auch das »Statusspiel«, bei dem vier Spieler

jeweils eine Karte ziehen und durch die abgedruckte Ziffer in eine soziale Rangfolge von 1 bis 4 gebracht werden. Die Aufgabe lautet, sich entsprechend dem zugewiesenen Rang zu verhalten, und das klappt zumindest bei Nummer 1 und Nummer 4 einwandfrei: Arglose Zuschauende haben keine Mühe, den Boss der Runde und den Underdog allein an ihrer Körpersprache zu identifizieren.[35]

Was zeichnet eine selbstbewusste Körpersprache aus? »Power-Posen« sind:

- raumgreifende Gesten (breitbeiniges Sitzen, Arme in die Hüfte gestützt, lässig zurückgelehnt sitzen – im Extremfall mit den Händen hinter dem Kopf verschränkt und den Füßen auf dem Schreibtisch),
- ruhige, eher gemessene Bewegungen (mächtige Menschen rennen und zappeln nicht, sie wieseln nicht emsig umher),
- Körperspannung, aufrechte Haltung, Schultern gerade und zurück, Kopf hoch – im Extremfall mit militärisch vorgerecktem Kinn,
- ruhiger Blick, fester Händedruck,
- Besetzen und Verteidigen des eigenen Reviers – bis hin zum Eindringen in das Revier des anderen, um die eigene Macht spürbar zu machen (→ 13. Mein Revier, dein Revier).

Gesten der Machtlosigkeit sind im Umkehrschluss: sich klein machen, sich zusammenkauern, die Schultern nach vorne sacken lassen, sich hektisch bewegen, den Kopf schräg halten, die Beine überschlagen oder im Stehen überkreuzen. Im Seminar sind mein Trainingspartner und ich immer wieder verblüfft, wie leise manche gestandene Frau bei der Selbstpräsentation vor die Gruppe tritt, mit gesenktem Kopf und kleinen schnellen Schritten – wie in der Hoffnung, nicht groß aufzufallen. Vielen Mädchen würden noch immer »Unterwerfungsgesten anerzogen«, kritisiert auch der Körpersprachetrainer Christian Schmid-Egger: »Frauen machen sich damit kleiner, als sie sind.«[36]

Ist man einmal dafür sensibilisiert, können Sie die Körpersprache der Macht und die der Unterordnung überall beobachten. Ein prototypisches Beispiel kommt in jedem klassischen Western vor: Der Held betritt den Saloon. Er tritt durch die Schwingtür und bleibt erst einmal stehen. Wie in Zeitlupe lässt er den Blick schweifen und fixiert Einzelne. Einige der anwesenden Cowboys, die eben noch lärmend gepokert und gezecht haben, machen sich still und leise davon. Langsam, gaaanz langsam, geht der Held auf die Theke zu, wo ihn der Barkeeper in Windeseile bedient. Ohne ein einziges Wort zu sagen, hat der Alpha-Cowboy seine Position deutlich gemacht. Wer wichtig ist, nimmt sich Zeit und tritt bewusst in die Arena – das meine ich mit der »Saloon-Regel«.

Angela Hornberg, Investmentbankerin und Personalberaterin, kennt diese Regel offenbar auch. Sie rät Frauen zum selbstbewussten Auftritt: »Ein erfolgreiches Meeting beginnt bereits vor der Tür. Deshalb sollten Sie vom ersten Augenblick an Souveränität demonstrieren. Treten Sie also bewusst an die Schwelle des Raumes und bleiben Sie dort kurz stehen. Schauen Sie sich langsam um. Schweigen Sie. Nicken Sie freundlich. Aber quetschen Sie sich nicht einfach auf irgendeinen beliebigen freien Stuhl. Entscheiden Sie sich stattdessen bewusst, wo genau Sie sitzen wollen.« Hornberg empfiehlt, sich daran zu orientieren, wer bereits im Raum ist, und dann gezielt den »besten« Platz anzusteuern.[37] Dort sitzt frau dann besser nicht wie die verunsichert wirkende Juristin im Beispiel oben, sondern am besten zurückgelehnt, beide Füße am Boden, die Knie nicht zusammengepresst. Auch das fällt in Hose und halbhohen Schuhen übrigens leichter als in Rock und High Heels.

Diese Empfehlung stößt oft auf Kritik: Sich eine »künstliche« Körpersprache anzutrainieren, bringe wenig, wenn die Haltung nicht stimme. Amy Cuddy, Sozialpsychologin an der Harvard Business School, hat dazu intensiv geforscht und kommt zu einem anderen Ergebnis. Für sie bestimmt nicht nur die innere Haltung die Körpersprache, sondern es funktioniert auch umgekehrt: Unsere Körpersprache beeinflusst unsere innere Haltung. Cuddy und ihre Mitarbeitenden forderten Versuchspersonen unter anderem auf, zwei Minuten lang »High Power Poses« oder »Low Power Poses« einzunehmen. Anschließend machten die Teilnehmenden ein Würfelspiel. Ergebnis: Die Spieler und Spielerinnen, die zuvor machtvolle Posen eingenommen hatten, waren selbstbewusster, risikofreudiger und optimistischer. Sogar ihr Hormonspiegel passte sich der Körperhaltung an: Der Testosteronspiegel stieg um 20 Prozent, der Spiegel des Stresshormons Cortisol sank um ein Viertel. Aus diesem und weiteren Experimenten zieht die Wissenschaftlerin den Schluss, dass das Verhältnis von Körpersprache und Selbstbewusstsein keine Einbahnstraße ist, sondern in beide Richtungen funktioniert: »Unser nonverbales Verhalten beeinflusst, was wir über uns selbst denken. Unser Körper verändert unseren Geist.«[38] Andere Forscher und Forscherinnen kamen zu ähnlichen Ergebnissen: Wir lächeln beispielsweise nicht nur, weil wir uns gut fühlen. Sondern wir fühlen uns auch besser, wenn wir lächeln – selbst wenn wir künstlich in diese Haltung gezwungen werden, weil wir einen Bleistift quer mit den Zähnen halten müssen.[39]

Was bedeutet das für Sie? Es hilft, sich vor heiklen Situationen mit Alpha-Gesten in Stimmung zu bringen, zum Beispiel die Hände in die Hüften zu stützen und sich aufzurichten oder sich siegesgewiss auf der Schreibtischplatte abzustützen. Wenige Minuten reichen aus, um mit mehr Selbstvertrauen ins Meeting oder in ein Gespräch zu gehen, meint Amy Cuddy. Und es hilft tatsächlich, selbstbewusster zu tun, als man sich fühlt, weil die Körperhaltung auf unser Inneres abfärbt. Der beliebte amerikanische Ratschlag »Fake it until you make it« (etwa: »Tu so als ob, bis du es kannst«) ist weit weniger banal, als er klingt. Auch an Selbstbewusstsein und entsprechendes Auftreten kann man sich gewöhnen. Sie müssen ja nicht gleich übertreiben und die üblichen Macho-Posen kopieren.

PS: Selbst außergewöhnlich erfolgreiche Frauen wie Princeton-Absolventin Amy Cuddy oder Facebook-COO Sheryl Sandberg berichten von persönlichen Ängsten und dem Gefühl, in männerdominierten Runden »nicht dazuzugehören«. Ihr übereinstimmender Rat: So tun als ob! Beide waren nicht erfolgreich, weil sie keine Zweifel hatten, sondern weil sie ihre Zweifel überwanden (→ 20. Zweifeln kannst du später).

 Der Trainingspartner:
   »Sorge dafür, dass man dich wahrnimmt! Schleiche nicht und vermeide Kleinmädchengestik.«

13. Mein Revier, dein Revier

In einem großen Pharmaunternehmen: Kollege und Kollegin sind hierarchisch gleichgestellt und arbeiten Seite an Seite in der Produktentwicklung im selben Labor. Während die Kollegin ihren Platz aufräumt, hinterlässt der Kollege regelmäßig Chaos. Dass der Raum begrenzt ist, stört ihn nicht – er nimmt einfach den Platz der Kollegin mit dazu und okkupiert so mit seinen Utensilien und Unterlagen nach und nach das ganze Labor. Die Kollegin, Ute S., erfolgreiche Chemikerin und Anfang 30, macht das bei uns im Seminar zum Thema: »Darf ich meinen Kollegen in die Schranken weisen?« S. hat Skrupel. Vielleicht sei das Ganze ja harmlose Schusseligkeit?

Reviere gibt es nicht nur im Tierreich, wo Wölfe oder Löwen und selbst Hauskatzen ihr Territorium energisch verteidigen. Es ist erstaunlich, wie viel Krawall eine brave Mieze machen kann, wenn plötzlich eine fremde Katze in »ihrem« Garten aufkreuzt. Menschen ziehen Zäune um ihr Grundstück, schaufeln einen Sandwall um ihren Strandkorb oder lassen sich durch ihr Vorzimmer abschirmen, wenn sie oben auf der Karriereleiter angekommen sind. Und wer wichtig ist, macht sich breiter, verlangt mehr Platz für sich. Je größer das Büro, desto einflussreicher in der Regel der Mensch, der darin arbeitet. In das Revier eines anderen einzudringen, ist eine starke, dominante Geste. Extrem ist das Eindringen in die Intimzone, die ungefähr Armeslänge beträgt, etwa wenn der Vorgesetzte sich hinter den Stuhl der Mitarbeiterin stellt und sich zu ihrem Monitor herunterbeugt. Aber auch ein Chef, der sich auf den Schreibtisch des Mitarbeiters setzt, signalisiert: »Ich darf das.« Beides ist umgekehrt ebenso

wenig vorstellbar wie die Verletzung des Territoriums einer rang-
hohen Frau, etwa einer Kanzlerin, Königin oder Topmanagerin.

Vor diesem Hintergrund ist das Laborchaos des Kollegen nicht
harmlos, sondern eine verschärfte Form desselben Territorialver-
haltens, das im Flugzeug oder Zug den Kampf um die Armlehne
auslöst. Es wird schlicht darum gerangelt, wer sich unterordnet.
Lässt sich die Kollegin im Labor an den Rand drängen, kann man
ihr vielleicht ja noch mehr zumuten? Von der Außenwirkung des
Ganzen gar nicht zu reden: Wer sich so einschüchtern lässt, empfiehlt sich nicht für eine Führungsrolle. Frauen sind meiner Erfahrung nach inzwischen für dieses Problem sensibilisiert, häufig
jedoch unsicher, wie sie reagieren sollen. »*Revierverhalten und Imponiergehabe etwas entgegensetzen zu können, ohne gleich als arrogant und besserwisserisch zu gelten*«. Anliegen wie dieses erreichen
mich vor fast jedem Seminar. Es hilft in solchen Fällen, sich daran
zu erinnern, wer sich hier eigentlich danebenbenimmt. Die Empfehlung lautet also: Klare Kante zeigen und energisch darauf bestehen, dass der Kollege seine Utensilien bei sich behält. Wenn nur
Taten helfen, sollten Sie beim Beiseiteräumen eher forsch zu Werke
gehen und keine Rücksicht auf eine eventuell im Chaos versteckte
Ordnung nehmen. »Move Talk« (→ 11. Trau dich, Männer anzufassen [Nein – nicht überall!]) bewährt sich auch, wenn Ihnen der
Chef buchstäblich im Nacken steht. Sie könnten zum Beispiel Ihren Stuhl unter einem Vorwand zurückrollen und sich neben ihn
stellen. Fläzt sich ein Kollege auf Ihren Schreibtisch, entscheiden
Sie situativ. Von einem barschen »Runter von meinem Tisch!« bis
zum ›versehentlichen‹ Umwerfen der Kaffeetasse.

Um sich in Revierkämpfen zu behaupten, sollten Sie nicht zimperlich sein. Sie können nicht beides haben: Immer und bei allen

beliebt sein – und sich durchsetzen. »Everybody's Darling is everybody's Depp«, wusste Franz Josef Strauß. Oft braucht es nur einen kleinen mutigen Moment, um dauerhaft seine Ruhe zu haben. Ich selbst habe vor einiger Zeit einen Mann, der sich im Zugbistro so hinfläzte, dass ständig Mitreisende über sein ausgestrecktes Bein stolperten, mit meinem Handy in die Flucht geschlagen. Als ich anfing, sein Verhalten auf Video zu bannen, schreckte er hoch: »Was machen Sie da?!« – »Oh, für ein Frauenseminar sammele ich Beispiele von Männern, die sich unmöglich benehmen.« Nach einem kurzen Wortwechsel (»Das dürfen Sie nicht!« – »Wieso, ich will doch nur lernen …?«) räumte er das Feld.

Wer in ein Revier eindringt, braucht dazu die Erlaubnis des Revierbesitzers. Das gilt umgekehrt selbstverständlich auch für Sie, etwa wenn Sie sich am Stehtisch in der Seminarpause dazugesellen wollen. Auf ein selbstbewusstes »Vera Meyer, XY AG. Ist bei Ihnen noch ein Platz frei?« folgt in der Regel die wohlwollende Erlaubnis. Wer sich dagegen ungefragt dazustellt, riskiert, dass man ihm/ihr die kalte Schulter zeigt.

 Der Trainingspartner:
»Wer ist das Opfer? Und wer begeht die Grenzverletzung? Schon paradox: Männer okkupieren Terrain, das ihnen nicht zusteht, und die betroffene Frau möchte nicht ›arrogant‹ wirken.«

14. Der Fluch der Schönheit

Unternehmen engagieren mich auch als Beobachterin für Assessment-Center. Frauen, die besonders attraktiv sind und ihre weiblichen Reize betonen, fliegen dort regelmäßig raus – ganz unabhängig von ihrer Kompetenz. Oft höre ich dann: »Die Frau ist viel zu schön. Die verdreht unseren Männern nur die Köpfe.« Auch wenn schon mal männlich darüber gefachsimpelt wird, wer die schönsten Beine hat, gilt die Regel: Schöne Frauen sind gefährlich und bringen Unruhe. Gern erzählen sich die Männer im trauten Kreise auch Geschichten von Superfrauen, die für Ärger sorgten, etwa weil die Kollegen sich gar nicht mehr konzentrieren konnten vor lauter Balzerei oder weil der Chef eine Affäre mit ihnen anfing (der Arme, bei der Blondine konnte er gar nicht anders, und jetzt hat er Ärger mit der Gattin …). Öffentlich wird so etwas selten formuliert. 2010 sorgte in den USA der Fall einer New Yorker Bankerin für Aufsehen, die entlassen wurde, weil sie angeblich »zu sexy« für ihren Job war: »Ihre Vorgesetzten hätten ihr während eines Treffens offenbart, sie könnten sich in ihrer Anwesenheit nicht auf die Arbeit konzentrieren. Deshalb sollte sie darauf verzichten, im Büro eng anliegende Rollkragenpullover, Bleistiftröcke oder eng anliegende Hosenanzüge zu tragen«, berichtete die *Süddeutsche Zeitung*.[40] Die langen Haare und ausgeprägten Kurven der 33-jährigen Latina waren offenbar zu viel für die City-Banker.

Verschiedene Untersuchungen ergaben ebenfalls, dass hohe Attraktivität bei Bewerberinnen nach hinten losgehen kann. Ökonomen der israelischen Ben-Gurion-Universität verschickten über 5.000 Fake-Bewerbungen mit Fotos durchschnittlicher und überdurchschnittlicher Kandidaten. Attraktivität erwies sich bei Männern als Vorteil, bei Frauen dagegen als Nachteil. Die Wissenschaftler führten dies auf weibliche Eifersucht zurück, da über 90 Prozent der Personalentscheider weiblich waren, also auf das, was man landläufig »Stutenbissigkeit« nennt (→ 19. Die Feindin im Nachbarbüro).[41] Eine US-Studie kam 2010 zu dem Ergebnis, dass schöne Frauen in traditionellen Männerberufen bei der Stellenvergabe »massiv diskriminiert« würden.[42] Die Mannheimer Soziologin Anke von Rennenkampff stellte fest, dass »besonders weiblich wirkende« Bewerberinnen von Personalchefs öfter ins Kreuzverhör genommen würden als weniger attraktive Kandidatinnen.[43]

Auch wenn ich den Aufschrei schon höre und auf böse Leserinnenkommentare gefasst bin: Bändigen Sie die Haarmähne oder legen Sie sich einen flotten Bob zu, verzichten Sie auf High Heels und Bleistiftrock in italienischer Länge – nicht obwohl, sondern gerade weil Sie darin hinreißend aussehen. Heben Sie sich den roten Lippenstift und das tolle Augen-Make-up für das Wochenende auf, schminken Sie sich dezent. Wenn Sie Ihre Modelqualitäten betonen, stecken Sie sich selbst in eine Schublade, die Sie nicht weiterbringt. Welche Stereotypen Sie aktivieren (von »schön, aber doof« bis »hochschlafen«), brauche ich Ihnen kaum zu erzählen. Mir gefällt das so wenig wie Ihnen. Aber es wird viele Frauen in Führungspositionen und viele Jahre brauchen, bis sich solche Vorurteile auflösen. Und bis dahin ist es eine Frage der strategischen Klugheit, sich als Frau den Aufstieg nicht schwerer zu machen, als er ohnehin ist.

Der Trainingspartner:
»Männer sind Neandertaler. Wir können nicht anders.«

15. Der Lächelreflex und die Folgen

Es gibt unzählige Arten des Lächelns: Sie können überlegen lächeln, ironisch, arrogant oder geheimnisvoll und verführerisch. Sogar bösartig und grimmig. Einfach nett und freundlich. Oder auch verunsichert, scheu, verlegen. Die berühmte Mona Lisa verkörpert den Prototyp des verhalten-geheimnisvollen Lächelns. Der Bösewicht im James-Bond-Film lächelt unheilvoll. Und viele Frauen setzen im Alltag ein »nettes« Lächeln auf, selbst dann, wenn ihnen gar nicht danach ist. »Friedenslächeln« nennt das einer meiner Trainingspartner spöttisch. Seine Interpretation: »Tu mir bitte nichts, ich bin alleine!« So lächeln manche Frauen auch dann zur Gesprächseröffnung, wenn sie im Rollenspiel gleich einen Mitarbeiter entschieden kritisieren wollen, dessen Fehlverhalten sie sehr wütend gemacht hat. Oder sie lächeln den ganzen langen Weg von ihrem Platz bis zum Flipchart, obwohl wir eine Präsentation vor einem skeptischen Publikum proben. Warum schauen sie nicht ernst, wenn die Lage ernst ist? Das wirkt in jedem Fall souveräner. Ein unsicheres Lächeln enttarnen die meisten Menschen ohnehin.

Schlimmer noch ist das Verlegenheitslächeln, mit dem manche Frauen auf Grenzverletzungen reagieren. Selbst Angela Merkel war nicht dagegen gefeit. Als der damalige italienische Ministerpräsident Silvio Berlusconi sie 2009 beim NATO-Gipfel minutenlang auf dem roten Teppich warten ließ und in aller Seelenruhe und vor ihren Augen herumstolzierte und ein Handytelefonat führte,[44] lächelte die Kanzlerin ebenso wie nach der Schultermassagen-Attacke von George W. Bush (→ 11. Trau dich, Männer anzufassen [Nein – nicht überall!]). Wer dagegen verfolgt hat, wie sie Wladimir Putin Anfang Juni 2014 beim ersten persönlichen Zusammentreffen während der Ukraine-Krise begrüßte, konnte sehen, dass ihr das inzwischen nicht mehr passiert. Die Miene ernst, der Blick distanziert, die Atmosphäre unterkühlt – selbst Machtmensch und Macho Putin wirkte einen Moment lang verunsichert und verzog die Lippen zu einem schiefen Lächeln.[45]

Dass Frauen »signifikant« mehr lächeln als Männer, wie die Wirtschaftspsychologin Doris Krumpholz feststellt,[46] entspricht unserer Sozialisation und möglicherweise auch unseren »Fürsorge-Genen«: Frauen fühlen sich eher als Männer dafür zuständig, dass die anderen sich wohlfühlen. Schon in der Familie erfahren Mädchen, dass Mutter und Großmutter »um des lieben Friedens willen« gute Miene zu bösen Spielen machen und auch dann ein Lächeln aufsetzen, wenn ihnen eher zum Heulen ist. Im Beruf wird das Lächeln in heiklen Situationen zum Bumerang: Hier setzt jemand keine Grenzen, wehrt sich nicht. Möglicherweise kann man der Frau ja noch mehr zumuten, wenn sie so reagiert – etwa in Verhandlungen, in denen Männer sich hinter einem Pokerface verschanzen, während Frauen freundlich bleiben wollen, auch wenn es nicht ihren Interessen dient. Vollends fatal wirkt das Lächeln, wenn es sich sogar nach Bedrohungen und sexuellen Übergriffen reflexhaft einstellt. Das verlegene Lächeln wird als Zeichen der Unterlegenheit gedeutet und verschärft das Problem.

Und selbst mit dem arglos fröhlichen Lächeln sollte Frau vorsichtig sein, glaubt man einer Untersuchung der Technischen

Universität München. Dort ging man der Frage nach, wie Mitarbeiter es finden, wenn ihre Chefin scherzt und lächelt. »Die Ergebnisse sind ernüchternd«, meldete die *Frankfurter Allgemeine Zeitung* im Juni 2013: »Fröhlichen Frauen wird nur wenig Führungswille zugetraut«, anders als bei Männern. Das gelte auch für Mitarbeiterinnen: selbst sie nähmen eine freundliche Chefin weniger ernst. Es ist noch weit bis zur Gleichberechtigung auf dem Chefsessel.[47] Auf dem Weg dorthin bewährt es sich, das eigene Lächeln für Situationen aufzusparen, in denen es tatsächlich etwas zu lachen gibt.

 Der Trainingspartner:
»Eine Frau, die lächelt, auch wenn es nichts zu lächeln gibt, signalisiert in den Augen eines Mannes: Dann war das wohl in Ordnung!«

KOPFSACHEN:
VON BOND-GIRL BIS BOXTRAINING

»*Was man zu verstehen gelernt hat,*
fürchtet man nicht mehr.«
Marie Curie (Nobelpreis für Physik 1903, Nobelpreis für Chemie 1911)

»*Du lebst nur einmal,*
aber wenn du es richtig machst, ist einmal genug.«
Mae West (Hollywood-Star mit Hang zum Eigensinn)

Sich durchsetzen, beruflicher Erfolg, Führung – all das fängt nicht etwa bei Diplomen oder Beförderungen an, sondern beim Selbstbild. »Wie gelingt es, dass man sich selbst als Führungspersönlichkeit sieht und von anderen ebenfalls so wahrgenommen wird?«, fragen etwa die Leadership-Expertinnen Herminia Ibarra (INSEAD) und Robin Ely (Harvard Business School) im *Harvard Business Manager*.[48] Ausschlaggebend sei, dass Frauen eine Identität als (potenzielle) Führungskraft entwickelten. Das ist auch im 21. Jahrhundert nicht selbstverständlich. Oswald Neuberger, angesehener Organisationspsychologe mit Lehrstühlen in München und Augsburg und sicher kein Radikalfeminist, bemängelt in seinem Standardwerk *Führen und führen lassen*, dass es anders als bei

den Männern für Frauen keine »Archetypen« oder »Ur-
bilder« der Führung gebe.[49] Chefs werden entweder als
Väter, Helden, Visionäre oder Asketen verklärt – denken
Sie an knorrige Firmenpatriarchen wie Hans Riegel ju-
nior (Haribo), an Wendelin Wiedeking, den »Retter« von
Porsche, an Steve Jobs, den visionären Apple-Chef, oder
an den sparsamen Ingvar Kamprad (IKEA). Und bei den
Frauen? Fehlanzeige. Die stärksten Barrieren gegen weiblichen Erfolg sind die im eigenen Kopf.

16. Lieber Bond-Girl als Mutter Teresa

*Während meiner Studienzeit hatte ich eine Mitstudentin, die regel-
mäßig in einer Gärtnerei jobbte. Sie regte sich immer wieder über
eine aus ihrer Sicht naive ältere Hilfskraft auf, die dort seit vielen
Jahren arbeitete und sich mit dem Familienbetrieb identifizierte,
als gehöre er ihr selbst. Trotz Niedriglohn und ohne jede Sozialleis-
tung für die »schwarze« Beschäftigung schuftete die Frau mit beein-
druckender Geschwindigkeit, leistete klaglos Überstunden und
stand immer zur Verfügung, wenn »der Chef« sie brauchte. Der
Inhaber versicherte ihr regelmäßig, ohne sie wäre er aufgeschmis-
sen: »Was täte ich nur ohne dich, Anna!« Irgendwann wurde der
Ehemann der unentbehrlichen Mitarbeiterin berufsunfähig, und sie
begann, sich um ihre Rente zu sorgen. Also bat sie den Inhaber, sie
zukünftig sozialversichert zu beschäftigen. Doch der teilte ihr un-
umwunden mit: »Kommt nicht infrage, das ist mir zu teuer. Da
brauchst du gar nicht erst wiederzukommen!« Für die Frau brach
eine Welt zusammen.*

Damals wunderten wir uns über die Naivität von Anna. Inzwischen wundere ich mich nicht mehr. Ich werde regelmäßig mit weiblichen Verhaltensweisen konfrontiert, die eher zu dem aufopferungsvollen Engagement einer Mutter Teresa passen als zu einer berufstätigen Frau mit etwas Distanz zum Geschehen. Nehmen Sie diesen Fall, den eine Mitarbeiterin der Forschungsabteilung in einem meiner Durchbox-Trainings schilderte:

»*Ich hatte herausgefunden, dass sämtliche Gastwissenschaftler keine Unfallversicherung hatten. Mich beunruhigte das, weil Tag für Tag mehrere Gäste im hauseigenen Wagen über die Autobahn zur Firma anreisten. Ich ließ dieses Thema in einem Meeting gegenüber dem Abteilungsleiter F & E anklingen, doch der wischte meine Bedenken als Panikmache vom Tisch. Das ließ mir keine Ruhe, und ich wandte mich an die Personalabteilung, die keine Auskünfte geben konnte oder wollte. Also schickte ich eine sehr vorsichtig formulierte Mail an die Geschäftsführung (cc Abteilungsleiter und Personalleiter). Um es kurz zu machen: Ich hatte natürlich recht und habe so eigentlich der Geschäftsführung den Allerwertesten gerettet. Wäre ein Unfall passiert, wäre sie zur Verantwortung gezogen worden. Als Dank begrüßte mich der Abteilungsleiter im nächsten Meeting mit einem ironischen ›Ach, da kommt ja unsere Versicherungsfachfrau‹. Seitdem lässt er keine Gelegenheit aus, mich vor anderen lächerlich zu machen. Undank ist der Welt Lohn!*« Auf die Idee, dass ihr Vorgesetzter sich bloßgestellt fühlte und ihre gut gemeinte Aktion als ungebetene Einmischung betrachtete, kam die Teilnehmerin nicht. Sie hatte doch nur helfen wollen …

Um ein berühmtes Bonmot von Gertrude Stein[50] zu variieren: Ein Job ist ein Job ist ein Job. Er ist hoffentlich nicht Lebensinhalt, Familienersatz oder einzige Quelle der Wertschätzung. Häufig

sind es der brennende Wunsch nach Anerkennung und das Be-
dürfnis, es allen recht zu machen, was Frauen dazu veranlasst,
sich für andere im Beruf förmlich aufzuopfern. Wir haben feste
Begriffe für diese Rolle: »Mutter der Kompanie«, »gute Seele«,
»Betriebsnudel«. Die gute Seele kocht immer den Kaffee, sagt nie
Nein, wenn man sie um Hilfe bittet, kommt etwas früher als alle
anderen und geht zum Ausgleich dafür viel später. Wenn eine
Teilnehmerin mir vor dem Seminar mailt: »*Ich möchte ein klares
Nein sagen zu Arbeitsaufträgen, die nicht zu meinem Arbeitsgebiet
zählen, von denen ich aber nicht weiß, wer es sonst machen soll*«,
spricht aus diesem Dilemma eine gute Seele. Die gute Seele denkt
an jeden Geburtstag und ihr ist alles recht, solange es die Abtei-
lungsharmonie nicht gefährdet. Alle mögen sie, doch so richtig
ernst nimmt sie keiner. Ihr fehlt das Durchsetzungsvermögen, da
ist man(n) sich einig. Und so ziehen beim beruflichen Aufstieg
regelmäßig Kollegen und weniger »nette« Kolleginnen an ihr
vorbei, und das auch, weil man ja eine emsige Fleißbiene verlieren würde, wenn man sie für eine Beförderung vorschlüge.

Beruflicher Erfolg und Beliebtheit passen nicht immer zusammen, und nicht jedes Engagement bringt Sie weiter. Zu Beginn
meines Arbeitslebens bekam ich von einer Konzernführungs-
kraft den Rat, bei jeder Arbeit genau zu überlegen: Von wem
kommt der Auftrag? Ist diese Person wichtig, hat sie Einfluss im
Unternehmen? Bringt es mich weiter, wenn ich das mit Verve
umsetze? Oder kann ich das mit Minimalaufwand erledigen oder
sogar im Sande verlaufen lassen? Damals war ich empört über so
viel Berechnung. Ich fand, man sollte jede Arbeit tun, so gut es
geht. Heute würde ich mir für viele Frauen etwas mehr Rollendi-
stanz und strategisches Vorgehen im Beruf wünschen. Was ist

mein Jobinhalt? Was bringt mich voran? Was sollte ich lieber nicht tun, um nicht in die Rolle der guten Seele der Abteilung zu rutschen? Das erfordert innere Unabhängigkeit. Aber es wird Ihnen Respekt einbringen statt einer heimlich belächelten Beliebtheit. Und es wird Sie vor einem Helferinnensyndrom bewahren, mit dem sich die Mitarbeiterin der Forschungsabteilung in eine Sackgasse manövrierte. Denken Sie an das moderne Bond-Girl, das klug und durchsetzungsstark ist, selbstbewusst und selbstständig – aber nicht unbedingt sympathisch. Dasselbe gilt übrigens für »M«, die Chefin des britischen Geheimdienstes MI6, die von 1995 bis 2012 Judi Dench verkörperte.

Fazit: Noch können Frauen leider nicht immer beides sein – erfolgreich und sympathisch. »Wie zahlreiche Studien gezeigt haben, werden Frauen, die sich in traditionell männlichen Domänen durchsetzen, als kompetent angesehen, aber auch als weniger sympathisch als ihre männlichen Kollegen. Was bei Männern als selbstbewusstes oder durchsetzungsfähiges Verhalten gilt, wird bei Frauen oftmals als arrogant oder harsch bewertet«, warnt der *Harvard Business Manager*.[51] Das gilt übrigens nicht nur für Männer – auch Frauen beurteilen erfolgreiche Frauen negativer (→ 19. Die Feindin im Nachbarbüro). Bis über solche Stereotypen die Zeit hinweggegangen ist, muss frau das aushalten können. Wenn eine Teilnehmerin von mir wissen will: »Wie kann ich die eigene Position stärken und die eigenen Anliegen durchsetzen, ohne dabei reserviert oder autoritär zu wirken?«, lautet die lapidare Antwort daher: Höchstwahrscheinlich gar nicht – jedenfalls nicht immer.

Der Trainingspartner:
»Machen Sie sich nicht zur Marionette männlicher Komplimente nach dem Muster ›Was wäre ich ohne Sie, Frau …?!‹ Viele Männer wissen sehr genau, welche Knöpfe sie drücken müssen.«

»Wie kann man nur bei allen beliebt sein wollen? Dadurch begibt man sich in eine gefährliche Abhängigkeit von der Anerkennung anderer.«

17. »Das nächste Mal gewinne ich!« (Konflikte)

Die Seminarteilnehmerin ist sichtlich aufgewühlt. Caroline W., eine sonst souveräne und gelassene Frau Anfang 30, kämpft mit den Tränen. Die Pressereferentin bei einem mittelständischen Unternehmen erzählt: *»Zum Jahreswechsel wurde mir völlig überraschend ein Teamleiter vor die Nase gesetzt. Vorher habe ich direkt an den Presseleiter berichtet. Der Neue wurde mir als gewiefter Profi und große Unterstützung angekündigt und ins gemachte Nest gesetzt. Er positioniert sich nun. Bislang habe ich den Part, den er ›unterstützen‹ soll, allein aufgebaut und sehr gut bewältigt. Über den Flurfunk hörte ich, dass die Geschäftsführung ihm persönlich verpflichtet war und ihn irgendwo unterbringen wollte. Mein bisheriger Chef informierte mich zwischen Tür und Angel. Ich bin weder von der Expertise noch von der Souveränität des Neuen überzeugt, und auch das Verhältnis zu meinem früheren Chef hat deutlich gelitten. Inzwischen denke ich an Kündigung.«* Obwohl die Neubesetzung schon Monate zurückliegt, hat Caroline W. die Kränkung noch nicht verwunden. Im Umgang mit der Presseleitung sei sie kurz angebunden; die Frage, was denn mit ihr los sei, empfindet sie als unsensibel und herzlos.

Kein Zweifel, einer kompetenten Mitarbeiterin, die ihren Bereich nachweislich erfolgreich managt, Kompetenzen zu entziehen, ist nicht fair. Doch hätte ein Mann genauso empfindlich reagiert? Männer nähmen die Dinge nicht so persönlich, heißt es häufig, Frauen dagegen seien immer gleich beleidigt. *»Ich kann Menschen, vor denen ich den Respekt verloren habe, nicht mehr in die Augen gucken«*, schreibt mir zum Beispiel eine andere Teilnehmerin vor dem Seminar. *»Ich nehme mir manche Bemerkungen sehr zu Herzen und ziehe mich dann zurück«*, formuliert eine dritte. Wenn frau mit denselben Menschen Tag für Tag weiter zusammenarbeiten muss, ist Rückzug eine wenig Erfolg versprechende Strategie. Viele Frauen gehen ohne jeden Schutzpanzer zur Arbeit und leiden dann darunter, dass man sie verletzen kann. Dabei ist im Job selten die Person gemeint, sondern die Karrierekonkurrentin, die Kollegin, mit der ich mir das Budget teilen muss, die Buchhalterin, die mich auf Fehler aufmerksam macht, die Teamleiterin, die mich auf der Karriereleiter überholt hat. Es hilft, sich das gelegentlich klarzumachen.

Auf meine Frage, was sie besonders gekränkt habe, schaut Caroline W. erstaunt: »Natürlich, dass man mir nicht die Position angeboten hat und dass mein Chef mich vor vollendete Tatsachen gestellt hat.« Hat sie den Presseleiter damit konfrontiert? »Nein.« Hat sie ihre Aufstiegsambitionen im Vorfeld deutlich gemacht? »Nein. Das muss der doch sehen, so, wie ich mich reingehängt habe.« Da habe ich Zweifel: Hellsehen gehört im Allgemeinen nicht zu den männlichen Stärken.

Deborah Tannen hat schon vor Jahren auf das unterschiedliche Gruppenverhalten von Frauen und Männern hingewiesen. Während in Männergruppen der Kampf um Status und Vormachtstellung dazugehört, pflegen Frauen zumindest offiziell eher eine Kultur des Miteinanders, der Gleichheit und der Harmonie. Überspitzt formuliert: Frauen bilden (horizontale) Gemeinschaften, Männer bilden (hierarchische) Rudel. So lernen Jungen schon beim Fußballspielen, mit Hierarchien umzugehen – schließlich steht der Trainer am Spielfeldrand und sagt, wo es langgeht. Von klein auf messen die Jungen ihre Kräfte, treten in Wettbewerb zueinander. Es geht ums Gewinnen: Wer viele Tore macht, wird in seiner Gruppe immer beliebter sein und hohes Ansehen genießen. Nicht zuletzt lernen sie auch, mit dem Verlieren umzugehen. Wenn sie sieglos vom Platz gehen, sagen sie sich einfach: Aber beim nächsten Mal gewinnen wir! Mädchen dagegen bevorzugen kooperative Spiele von Gummitwist bis Kaufladen und spielen Konkurrenz lieber herunter. Das prägt uns auch als Erwachsene. Haben Sie schon einmal versucht, im Tennis ein gemischtes Doppel »nur zum Spaß« zu spielen? Dann wissen Sie, wovon ich rede: Ein Spiel ohne Wettkampf finden Männer in der Regel öde.

Konkurrenz und Wettbewerb sind im »Rudel« also ganz normal, in einer Gemeinschaft bedrohen sie dagegen den Zusammenhalt. Das wiederum hat Folgen für den Umgang mit Konflikten. Tannen beschreibt das so: »Die meisten Frauen sehen in Konflikten eine Bedrohung von Bindung, die um jeden Preis vermieden werden sollte. Sie regeln Meinungsverschiedenheiten am liebsten ohne direkte Konfrontation. Aber für viele Männer sind Konflikte ein notwendiges Mittel der Statusaushandlung, das sie akzeptieren und unter Umständen sogar bereitwillig und freudig in Kauf nehmen.«[52] Das erklärt, warum Männer sich nach einer Auseinandersetzung einträchtig an der Theke versammeln können, und es erklärt auch, warum Männer sich leichter damit tun, die aktuellen hierarchischen Verhältnisse zu akzeptieren. Der neue Chef mag eine Pfeife sein, aber er ist nun mal der Chef. Man mag erst mal den Kürzeren gezogen haben, aber wer weiß, was morgen ist: neues Spiel, neues Glück!

In den meisten Unternehmen wird das Karrierespiel nach wie vor nach männlichen Regeln gespielt. So verständlich es ist, gekränkt zu reagieren, etwa weil frau bei einer Stellenbesetzung übergangen wurde, so wenig bringt es. Mit ihrem beleidigten Rückzug schadet Caroline W. sich vor allem selbst. Auch Vorwürfe (»Wie konnten Sie nur!«) gehen im Allgemeinen nach hinten los – die mögen Männer im Büro genauso wenig wie am Küchentisch zu Hause. Stattdessen entwickeln wir im Seminar eine andere Strategie:

- W. akzeptiert den neuen Teamleiter formal, vermeidet es aber ab sofort, dessen Fehler und Versäumnisse im Hintergrund auszubügeln.
- Gleichzeitig nutzt sie das Jahresgespräch mit dem Presseleiter, um ihre eigenen Karriereansprüche deutlich zu machen.
- Sie bringt, wo immer es geht und der frühere Chef anwesend ist, zielführende Lösungsvorschläge für anstehende Aufgaben, um sich selbst als Mitarbeiterin zu profilieren, die die Dinge im Griff hat.

Mit jeder Panne, die der Teamleiter zu verantworten hat, wachsen ihre Chancen. »Mikropolitik« nennen das Wissenschaftler.

Gemeint ist das Arsenal kleiner, alltäglicher Strategien, um Konkurrenten abzuwehren und selbst aufzusteigen. Dazu gehört beispielsweise, nicht arglos Informationen auszuplaudern, die ein Karrierekonkurrent für sich nutzen könnte. Oder auch, durch eine gezielte cc-Strategie dafür zu sorgen, dass deutlich wird, auf wessen Konto eine Leistung wirklich geht. Oder auch die Bereitschaft, Bündnisse mit Ex-Konkurrenten zu schmieden, wenn sie für beide Seiten nützlich sind, und zwar auch dann, wenn man sich nicht sonderlich sympathisch ist. Womit wir beim nächsten Punkt, dem Netzwerken, sind.

 Der Trainingspartner:
»Als beleidigte Leberwurst disqualifizieren Sie sich für das Karrierespiel. Schlagen Sie die Männer lieber mit ihren eigenen Waffen!«

»Männer hassen Vorwürfe. Und Chefs sind auch nur Männer.«

18. Lieber Golfplatz als Kaffeekränzchen

Was ist das größte Karrierehindernis für Frauen? Folgt man Jutta Rump, Leiterin des Instituts für Beschäftigung und Employability (IBE), ist es die »Dominanz der männlichen Netzwerke«. Zahlreiche Studien ihres Instituts hätten ergeben, dass sich dieser Faktor aus Sicht der meisten Frauen nachteiliger auswirke als die mangelnde Vereinbarkeit von Beruf und Familie.[53] Nanu, möchte man fragen, ausgerechnet das angeblich so kommunikative weibliche Geschlecht tut sich schwer beim Networking? Doch gerade im Job kommt es nicht auf irgendwelche, sondern auf die richtigen Kontakte an. Wenn von männlichen »Seilschaften« die Rede ist, impliziert schon dieses Bild, dass hier eine verschworene Gemeinschaft sich zum gegenseitigen Nutzen miteinander verbindet. »Seilschaften« dienen beim Bergsteigen dazu, sich gegenseitig abzusichern und zusammen den Gipfel zu erreichen. Dazu muss man nicht persönlich befreundet sein; es handelt sich eher um eine Zweckverbindung. Auf dem Weg nach oben verschwendet man auch nicht viel Energie darauf, darüber zu reden, was bisher alles nicht geklappt hat oder was in der Zukunft noch schiefgehen könnte, sondern man schaut, was alle vorwärtsbringt. Seilschaften definieren sich über den gemeinsamen Erfolg, über gemeinsame Ziele, Werte, Herausforderungen. Durch das Tun kommt man sich (vielleicht) näher.

Vielen Frauen fehlt für diese Form der Kontaktpflege das Verständnis. Das Prinzip »Eine Hand wäscht die andere« empfinden sie als berechnend, wenn nicht gar als anrüchig. Sie haben keine Lust, nach Veranstaltungen an der Bar zu sitzen, wo nützliche Verbindungen geknüpft werden. Sie erledigen lieber dringende Sacharbeit, als zum Branchenempfang zu fahren. Sie beschränken den Messebesuch auf das Nötigste, weil im Büro noch genug zu tun ist. Und wenn sie schon netzwerken, dann bleiben sie ganz gern unter sich, wie Daniela Weber-Rey, bei der Deutschen Bank weltweit für Compliance zuständig, beobachtet hat. Sie gibt zu bedenken: »Mittelfristig geht es aber nur für solche Frauen nach oben, die sich nicht zu lange hinter diesem Schutzwall verstecken, sondern sich regelmäßig in heterogenen Kreisen bewegen.«[54]

Wenn die berüchtigte Glasdecke, an der viele begabte Frauen sich beim Aufstieg eine blutige Nase holen, in Wahrheit die Kumpanei einer verschworenen Männergemeinschaft ist, hilft dagegen vor allem eins: selbst mitmischen! Dem *Harvard Business Manager* war dieser Gedanke 2013 eine Befragung von knapp 400 Topmanagern (»Board-Mitgliedern«, also Aufsichtsräten und Vorständen) unter der Überschrift »Golfen für die Karriere« wert. Das wenig überraschende Ergebnis: Der Anteil der Golfer unter den männlichen Managern ist doppelt so hoch wie bei den Frauen. Interessanter sind Aussagen wie die einer Managerin, die berichtet, ihr hätten bei der Übernahme ihres ersten Vorstandspostens gleich mehrere männliche Kollegen geraten: »Wenn Sie nicht von einem Teil unserer Arbeit ausgeschlossen sein wollen, werden Sie Golf lernen und mit uns spielen müssen.« Eine andere Frau sagt: »Golf war enorm hilfreich für meine Karriere. Meistens war ich die einzige Frau auf Golfreisen der Männer. So sind Freundschaften und Beziehungen entstanden – und Respekt. Ich bin dadurch auf dieselbe Ebene gekommen wie alle anderen.«[55]

All das heißt unterm Strich: Berufliches Netzwerken ist etwas anderes als privat Bekanntschaften schließen und Freundschaften pflegen. Frauen sträuben sich häufig gegen eine vorwiegend zweckorientierte Kontaktpflege für die Karriere, ihnen ist Sympathie wichtig. Mit fatalen Folgen: Reine Frauennetzwerke sind oft kuschelig, aber wirkungslos. Frau versteht sich, frau teilt leidvolle Erfahrungen und tröstet sich damit, dass es den anderen auch nicht besser geht. Wenn man nicht aufpasst, mutieren solche Verbindungen in Windeseile zu Jammerzirkeln. Wozu soll das gut sein? Fürs Jammern habe ich meine Freundinnen, und Sie wahrscheinlich auch!

Gehen Sie das Netzwerken also strategisch an. Was ist Ihr Ziel? Wer könnte Ihnen nützlich sein? Was können Sie geben? Wie können Sie im gewählten Kreis positiv auf sich aufmerksam machen? Denn ein zweites großes Missverständnis besteht darin zu erwarten, dass bloße Präsenz allein genügt. Netzwerke bringen am meisten, wenn sie klug gewählt sind und wenn man selbst in Vorleistung geht. Bei formellen Klubs und Vereinigungen kann das die Übernahme eines Amtes oder einer Aufgabe sein, bei informellen Verbindungen der Hinweis auf eine interessante Veranstaltung, die Vermittlung eines nützlichen Kontaktes oder eine andere Gefälligkeit. Solche Vorleistungen sind gleichzeitig kleine Kompetenzdemonstrationen, die dazu führen, dass man auf Sie aufmerksam wird und im richtigen Moment vielleicht Ihren Namen fallen lässt.

Frauennetzwerke gehen auch in puncto Empfehlungen oft von völlig falschen Voraussetzungen aus. Vor einiger Zeit berichtete mir eine Kollegin, ebenfalls Coach und Trainerin: »*Ich war zur Neugründung eines Frauen-Regionalnetzwerkes eingeladen. Bei der Auftaktveranstaltung forderte eine der Initiatorinnen gleich am Anfang dazu auf, die Visitenkarten auszutauschen und sich ab sofort gegenseitig zu empfehlen. Schließlich säßen wir als Frauen alle im selben Boot und sollten uns gegenseitig helfen! Sie beispielsweise sei Stimmtrainerin und habe aktuell noch freie Kapazitäten. Ich habe mich früh verabschiedet und bin dort nie wieder hingegangen. Bevor ich jemanden empfehle, möchte ich mir schon ein Urteil über die Person bilden. Ich habe keine Lust, mir durch eine falsche Empfehlung selbst zu schaden! Und ich bin auch nicht die Akquisefrau für erfolglose Kolleginnen.*«

Es bringt relativ wenig, wenn sich eine Gruppe Ertrinkender aneinanderklammert – in der Hoffnung, so das rettende Ufer leichter zu erreichen. Steigen Sie lieber in ein Boot, das Sie vorwärtsbringt. Und in diesem Boot sitzen in der Regel auch Männer.

 Der Trainingspartner:
»Warum jammern Frauen eigentlich so gern? Uns Männern kann das nur recht sein: Wer jammert, handelt nicht und macht uns keine Konkurrenz!«

19. Die Feindin im Nachbarbüro

Kürzlich im Durchbox-Training: Zwei Teilnehmerinnen steht die Skepsis von der ersten Minute an ins Gesicht geschrieben. In der Vorstellungsrunde teilen sie säuerlich mit: »Wir sind geschickt worden und wissen gar nicht, was das soll. Das hier brauchen wir nicht.« Doch anstatt sich mit mir als Seminarleiterin auseinanderzusetzen, lästern die beiden über die anderen Frauen, rollen demonstrativ mit den Augen, als die eine ein Problem schildert, kichern, als eine andere in der Selbstpräsentation unsicher wird. Mir ist am Ende des ersten Vormittags völlig klar, warum die Führungskraft die beiden »schickte«: Echtes Durchsetzungsvermögen sieht anders aus.

Auch wenn wir es nicht gerne hören: Es gibt sie tatsächlich, die Stutenbissigkeit unter Frauen. Im Seminar werde ich eher selten damit konfrontiert, im Coaching sind unfaire Attacken von anderen Frauen aber immer mal wieder Thema. Der »Zickenkrieg« ist also keineswegs nur ein männliches Vorurteil. 2011 veröffentlichte Daniel Balliet (Universität Amsterdam) eine Metastudie zur Kooperation, für die insgesamt 272 Untersuchungen der letzten

50 Jahre mit knapp 32.000 Teilnehmern aus 18 Ländern (vorwiegend USA, Niederlande, England und Japan) ausgewertet wurden. Das Ergebnis: Männer arbeiten besser mit Männern zusammen als mit Frauen. Doch auch Frauen kooperieren besser mit Männern als mit anderen Frauen.[56] Grundlage dieses ernüchternden Befundes ist ein inzwischen klassisches Versuchsszenario, das sogenannte Gefangenendilemma, das sich auch für Alltagssituationen als prognostisch sehr zuverlässig erwiesen hat. In dem Experiment können die Teilnehmer entweder zum Vorteil aller zusammenarbeiten oder sich von einem versteckten Alleingang mehr Vorteile versprechen – mit dem Risiko, am Ende schlechter dazustehen.

Der Wirtschaftsjournalist Jochen Mai nahm das Ergebnis von Balliets Metastudie zum Anlass für eine Internetumfrage unter der Überschrift: »Mit wem arbeiten Sie lieber zusammen?« Bis Juni 2014 hatten knapp 800 Teilnehmerinnen und Teilnehmer geantwortet. Das Ergebnis:

- »Ich bin ein Mann und arbeite lieber mit Frauen«, sagen 10 Prozent.
- »Ich bin ein Mann und arbeite lieber mit Männern«, sagen 16 Prozent.
- »Ich bin eine Frau und arbeite lieber mit Männern«, sagen 31 Prozent
- »Ich bin eine Frau und arbeite lieber mit Frauen«, sagen 5 Prozent.
- »Ich bin eine Frau und komme mit beiden gleich gut zurecht«, sagen 20 Prozent.
- »Ich bin ein Mann und komme mit beiden gleich gut zurecht«, sagen 18 %.[57]

Der Trend der Studie bestätigt sich also auch für Deutschland und für die unmittelbare Gegenwart: Sechsmal so viele Frauen arbeiten lieber mit Männern zusammen als mit ihren eigenen Geschlechtsgenossinnen! Wir sind keineswegs so wohlwollend schwesterlich miteinander verbunden, wie Feministinnen traditionell glauben machen wollten. Mechtild Erpenbeck, die Führungskräfte coacht und schon seit Jahren auf dieses Problem hinweist, wurde lange Zeit als Nestbeschmutzerin hart angegangen. Sie erzählt in der *Frankfurter Allgemeinen Sonntagszeitung* von einer großen Werbeagentur, in der das ganze Arbeitsklima dadurch vergiftet wurde, dass zwei Managerinnen gegeneinander intrigierten, weil die eine der anderen den Erfolg nicht gönnte.[58] Dies entspricht der verbreiteten Metapher vom »Krabbenkorb« weiblichen Miteinanders: Ein Krabbenkorb braucht keinen Deckel, weil die Krabben selbst jede von ihnen, die sich nach oben vorarbeitet, wieder herunterziehen.

Natürlich sind nicht alle Formen weiblicher Konkurrenz »Stutenbissigkeit«. Gemeint sind unfaire und für das Opfer schmerzhafte Taktiken, die den Erfolg der anderen verhindern sollen – wie im Tierreich, wo die Leitstute durch Bisse verhindert, dass Konkurrentinnen ihr gefährlich werden können. Häufig wird darüber spekuliert, dass im Büro auch latente sexuelle Konkurrenz unter Frauen eine Rolle spielen könnte und attraktive Frauen es daher besonders schwer haben können (→ vgl. auch 14. Der Fluch der Schönheit). Männer konkurrieren offener miteinander und sind im Allgemeinen die besseren Verlierer. Wettbewerb ist für sie etwas Normales, Hierarchien werden ausgefochten. Ist die Rangfolge einmal klar, wird sie akzeptiert. Frauen wachsen eher mit dem Ideal einer harmonischen Gemeinschaft auf. Meine Kollegin

Mechtild Erpenbeck spricht in einem ihrer Aufsätze treffend von einer »Fürsorgemoral« unter Frauen, im Unterschied zur eher formalen »Gerechtigkeitsmoral« der Männer. Sie hat beobachtet, dass Frauen eher ein »Misstrauen gegenüber formaler Ordnung« hegen, während Männer Strukturen vertrauen.[59] Wenn eine Frau aus der Gruppe ausschert, beispielsweise weil sie in Führung geht, verletzt sie das versteckte Gleichheitsideal weiblicher Harmonie und muss mit Angriffen ihrer Geschlechtsgenossinnen rechnen. Da Frauen offene Konkurrenz eher ablehnen und tabuisieren, erfolgen solche Angriffe versteckt. Dazu passt ein Hinweis der Entwicklungspsychologin Doris Bischof-Köhler. Sie verweist darauf, dass Mädchen nicht weniger aggressiv seien als Jungen, aber auf andere Weise: »Aggression äußert sich kaum brachial, sondern vor allem als sogenannte Beziehungsaggression, die im Wesentlichen auf soziale Ausgrenzung abzielt.«[60]

Vielleicht erinnern Sie sich noch, wie Mädchengruppen in der Schule Konflikte austrugen: Irgendwann wurde mit »der« einfach nicht mehr gesprochen, ihr die kalte Schulter gezeigt oder schlecht über die in Ungnade Gefallene geredet. Auch wenn man im Job längst über so etwas hinaus sein sollte: Die Muster sitzen tief. In Sachen Konkurrenzverhalten wird es höchste Zeit, dass wir den Schulhof hinter uns lassen und offen und geradlinig miteinander umgehen. Rivalität gehört nun mal zum Berufsleben dazu. Wir sollten lernen, Berufliches nicht immer gleich persönlich zu nehmen. So machen wir es uns selbst viel leichter. Bevor frau also über das Auftreten einer Vorgesetzten klagt oder lästert, lohnt sich eine ehrliche Selbstbefragung: Steckt dahinter vielleicht auch eine Portion Neid? Und bevor eine Frau in Führung davon ausgeht, Ex-Kolleginnen oder Geschlechtsgenossinnen generell seien automatisch solidarisch, bewährt sich vorsichtige Skepsis.

 Der Trainingspartner:
»Freundlich – ja. Aber vertrauensselig – nein! Wenn Job und Privatleben zwei Paar Stiefel sind, wird vieles einfacher.«

20. Zweifeln kannst du später

Montagmorgen. Gleich in der Frühe habe ich den Vorstand einer Bank im Bayrischen in der Leitung: »*Frau Meuselbach, ich habe die Faxen dicke! Ihr Durchbox-Training in allen Ehren, aber wenn ich den Frauen eine Stelle anbiete, höre ich ständig: ›Ich brauche noch Zeit!‹, ›Da muss ich aber erst ins Führungsseminar!‹, ›Ohne Coaching packe ich das nicht!‹ Ich strampele mich hier ab für die Frauenförderung – und jetzt trauen die sich alle nicht.*«

Der empörte Anruf ist symptomatisch: Viele Frauen scheitern nicht an ihrem Können oder ihrer Leistungsbereitschaft. Sie scheitern an ihrer Bescheidenheit und ihren Selbstzweifeln. Das zeichnet sich schon in der Vorstellungsrunde in Seminaren ab. Sitzen Männer im Raum, berichten diese von der Zahl ihrer Mitarbeiter, von Verantwortungsbereichen und Erfolgsprojekten. Richtet sich das Seminar an Frauen, erzählen diese flüssig von Schwierigkeiten und vermeintlichen Schwächen. Während Männer die Selbst-PR im Blut zu haben scheinen, scheitern Frauen manchmal schon daran, die nackten Fakten zu erwähnen. »*Ich leite an der Uni so 'ne kleine Gruppe*«, sagte einmal eine Teilneh-

*merin. »Aha, und in welcher Funktion?«, hakte ich nach. »Ich bin
Biologin.« – »Und was machen Sie genau? – »Ja, also im Bereich
der Molekularbiologie suchen wir nach …« Dem Trainingspartner
platzte der Kragen, er fiel der Teilnehmerin ins Wort: »Und ALS
WAS sind Sie angestellt?!« Die Teilnehmerin stutzte und erwiderte
fast trotzig: »Wieso? Ich bin Professorin. [Pause] Aber nur C3.«*

Frauen unterschätzen ihre Leistung notorisch, Männer überschätzen sich gern mal. Oder hatten Sie noch nie den Eindruck,
der Großkonzern/Mittelständler/Kleinbetrieb würde zusam-
menbrechen, wenn Ihr dort angestellter Gesprächspartner das
Handtuch würfe? Facebook-Chefin Sheryl Sandberg ist überzeugt, dass es zwar viele äußere Hindernisse für den Aufstieg von
Frauen gibt, mindestens ebenso hinderlich jedoch unsere inne-
ren Barrieren sind: »Wir bremsen uns in großen wie in kleinen
Dingen aus, weil uns das Selbstbewusstsein fehlt, weil wir die
Hand nicht heben und weil wir uns zurücklehnen, wenn wir uns
vorlehnen und reinhängen sollten«, schreibt sie in ihrem Bestseller *Lean in* und nennt als Beispiel das Ergebnis einer internen
Studie von Hewlett-Packard. Danach bewerben sich Frauen nur
dann auf offene Stellen, wenn sie meinen, die Anforderungen zu
100 Prozent zu erfüllen. Männern reichen bereits 60 Prozent.[61]

Nun ist es sicher nicht so, dass Männer überhaupt keine Zweifel hätten. Wäre das der Fall, wäre die Menschheit aufgrund des
Fehlens jeglicher Vorsicht vermutlich schon ausgestorben. Die
Kunst besteht darin, Zweifel und Ängste zu überwinden und
manche Dinge trotzdem zu tun. Im Film *Rush*, der die Rivalität
zwischen James Hunt und Niki Lauda in der Formel 1 und Lau-
das Rückkehr nach seinem schweren Unfall 1976 zum Thema hat,
ist die Anspannung der Fahrer vor jedem Rennen förmlich mit

Händen zu greifen. James Hunt, der den Supercoolen mimt, muss sich vor Angst unmittelbar vor dem Start regelmäßig übergeben. Trotzdem machen beide weiter. Im Berufsalltag geht es glücklicherweise nicht um Leben und Tod. Doch es gilt: Erfolg ist auch hier eine Überwindungsprämie. Wie Dornröschen hinter der Dornenhecke auf einen Prinzen zu warten, bringt uns nicht weiter.

Kleine mutige Schritte stärken das Selbstvertrauen, weil sie Erfolgserlebnisse ermöglichen. Zaghaftigkeit dagegen schwächt auf Dauer das Selbstvertrauen, weil positive Bestätigungen ausbleiben. Einer meiner Trainingspartner ist mit einem früheren Fußballprofi befreundet, der in großer Runde gerne mit seiner glanzvollen Vergangenheit punktet. Unter vier Augen hat er dagegen gestanden, er sei jedes Mal »mit schlotternden Knien auf den Platz gegangen«. Aber Kneifen war keine Option. Sich etwas zutrauen, etwas wagen, auch wenn Angst vor dem Scheitern da ist – eigentlich können wir das. Wir haben Klassenarbeiten geschrieben in Fächern, die wir hassten, das Abi gemacht, obwohl uns vielleicht speiübel war vor der Prüfung, an der Uni oder in der Ausbildung ein Examen gemeistert, die Führerscheinprüfung abgelegt. Weil es eben sein musste und anders nicht weiterging. Auf der Karriereleiter ist es ähnlich: Es gibt immer wieder »Prüfungen«, kleinere und größere. Da »müssen« wir nicht länger, aber wenn wir jedes Mal zurückscheuen, zahlen wir auf Dauer einen hohen Preis.

Dem frustrierten Bankenvorstand habe ich empfohlen, hartnäckig zu bleiben und den weiblichen Führungsnachwuchs mit einer Mischung aus Strenge und Ermutigung herauszufordern. Ich erzählte ihm vom Mentor einer jungen Managerin in der Pharmabranche. Der kannte kein Pardon: »Wenn Sie weiterkommen wollen, müssen Sie ein Jahr ins Ausland!« Konkret empfahl er eine Entsendung in die US-Niederlassung, wo in zwei Monaten eine entsprechende Stelle vakant wurde. Der Managerin fielen spontan 1.000 Gründe ein, warum das nicht ginge: Die Vorbereitung sei zu kurz, sie war noch nie in den USA und wisse nicht, ob sie sich da wohlfühlen werde, ihr Englisch sei nicht gut genug, sie könne ihren Eltern das nicht antun, wo sie doch das einzige Kind sei … Der Mentor blieb hart, und schließlich sprang die Frau ins kalte Wasser. Als ich sie anderthalb Jahre später wiedersah, traute ich meinen Ohren kaum: Sie habe sich entschlossen, ihre Karriere jetzt »international anzugehen«. Für ihr Englisch sei der Aufenthalt Gold wert gewesen, und als Nächstes stehe Australien auf der Liste. Was ihre Eltern dazu sagten? »Die jammern schon, dass sie mich so selten sehen. Aber sie sind auch total stolz auf mich.«

Viele erfolgreiche Frauen (und Männer) hatten in ihrem Leben das Glück, einen energischen Förderer zu treffen. Für manche war das eine engagierte Grundschullehrerin, die die Eltern überzeugte: »Dieses Kind gehört aufs Gymnasium!« Andere profitierten von Rat und Tat während der Ausbildung. Erfolgreiche Führungsfrauen hatten nicht selten das Glück, dass ein Vorgesetzter oder Mentor an sie glaubte, auch wenn ihre Selbstzweifel stark waren (→ 30. Der Vaterreflex und sein Nutzen [Mentoren]).

Noch ein kleiner Nachtrag: Neben Selbstzweifeln gibt es natürlich berechtigte Zweifel. Die betreffen meiner Erfahrung nach aber weniger die Eignung der Frauen als vielmehr Unternehmensumfelder, die Frauen systematisch blockieren, Firmen, in denen die »Glasdecke« sozusagen aus doppelt verstärktem Panzerglas ist. Indizien: Frauen sind dort nur als Sekretärinnen und Aushilfen beschäftigt, frauenfeindliche Sprüche, eine sehr konservative Geschäftsführung, beispielsweise mit einem Patriarchen an der Spitze, der das Unternehmen seit 40 Jahren führt. Da tut frau gut daran, sich zu fragen: Will ich mich hier verschleißen? Dynamische, schnell wachsende Unternehmen, Organisationen, in denen Frauen es bereits bis in die Spitze geschafft und der Glasdecke Risse versetzt haben, Unternehmen, die erkannt haben, dass die Förderung kompetenter Frauen in ihrem eigenen Interesse ist, und die erkennbare Anstrengungen in dieser Richtung unternehmen – sie alle sind definitiv die bessere Wahl.

 Der Trainingspartner:
»Zweifel ist permanenter Bestandteil der Performance von Frauen. Die meisten fahren mit angezogener Handbremse.«

21. Siegen ist keine Schande

»Die Machtfrage« überschrieb der *Spiegel* Anfang 2011 treffend einen Artikel zur Frauenquote. Gleich auf Seite 1 wiesen die Autorinnen süffisant darauf hin, dass es beim eigenen Nachrichtenmagazin »mehr schwule Ressortleiter als weibliche« gibt.[62] Ja, es geht auch um Macht, wenn Frauen die Führungsetagen erobern: Die Männer, die bislang unter sich waren, haben plötzlich mehr Konkurrenz. »Wenn ich ein Mann wäre, würde ich den Frauen auch nicht freiwillig die Plätze anbieten, die ihnen zustehen«, meint etwa Charlotte Roche, die wie viele andere Frauen vom *Spiegel* zur »Machtfrage« befragt wurde. Und Antonia Rados, eine erfahrene Kriegsreporterin und Fernsehjournalistin, sagte einmal: »Das Berufsleben einer Frau ist der permanente Aufstand gegen Männer. Es ist wahnsinnig schwer, sich durchzusetzen, anerkannt zu werden. Diese Erkenntnis hat mich wirklich geprägt.«

Greifbare Belege für diese These sind schwierig. Gern wird abgewiegelt, die Frauen wollten einfach nicht nach der Macht greifen, sie seien zu zaghaft oder es gebe einfach nicht genügend geeignete Kandidatinnen. Ein glasklares Gegenbeispiel liefert der Bestsellerautor und Wissenschaftsjournalist Malcolm Gladwell in seinem Buch *Blink!: Woran liegt es, dass in den klassischen Orchestern Frauen unterrepräsentiert sind? Sind sie schlechtere Musikerinnen? Die wahre Ursache liegt in Geschlechterstereotypen. Vor gut 30 Jahren führte man in den USA »blinde Auswahlverfahren« ein, das heißt, die Bewerber (oder Bewerberinnen) um eine Orchesterposition spielten hinter einem Wandschirm. Seitdem hat sich die Zahl der Musikerinnen in den renommiertesten Orchestern der Vereinigten Staaten verfünffacht. Als die neue Regel im Orchester der Metropolitan Opera das erste Mal angewandt wurde, suchte man vier Geiger. Alle Ausgewählten entpuppten sich nach Entfernung des Wandschirms vor den Augen des verblüfften Auswahlkomitees als Geigerinnen. »Du wirst in die Geschichte eingehen als das Arschloch, das Frauen in dieses Orchester geholt hat«, bekam einer der Befürworter des neuen Verfahrens daraufhin zu hören.*[63]

Männer teilen also begehrte Positionen mit Frauen nicht so gerne, wie die heile Welt der Political Correctness und der hehren Unternehmensleitbilder vorgaukelt. Wer sich durchsetzen will, muss manchmal mit harten Bandagen kämpfen und damit rechnen, dass nicht alle erfreut sind, wenn frau es schafft. Doch viele

Frauen wären lieber das »Good Girl«, das es – moralisch einwandfrei und von allen gemocht – spielerisch leicht bis an die Spitze schafft. Und schlimmer noch, viele Frauen haben Probleme, sich zu eigenen Erfolgen und Leistungen zu bekennen. Wie die Professorin, die »'ne kleine Gruppe hat« (→ 20. Zweifeln kannst du später), oder die Managerin, die die eklatanten Fehler eines auftrumpfenden Kollegen nicht korrigiert, weil sie »nicht arrogant erscheinen möchte« (→ 11. Trau dich, Männer anzufassen [Nein – nicht überall!]).

Männer schreiben Erfolge sich selbst und Misserfolge ungünstigen Umständen zu; Frauen handhaben das umgekehrt, belegen Studien. Wenn ein Mann erfolgreich ist, dann »weil er ein toller Hecht ist«. Wenn eine Frau erfolgreich ist, dann eher »weil sie Glück gehabt hat«. Oder haben Sie noch nie Sätze gesagt wie »*Ja, eine Eins. Aber die Prüfung war auch nicht besonders schwer*« oder »*Das Konzept ist gut angekommen – zufällig habe ich wohl die Vorlieben des Geschäftsführers getroffen*«. Wenn es nicht klappt, sind für den Mann die anderen, die Umstände, die Marktlage oder interne Karrierekonkurrenten schuld, während eine Frau an sich selbst und ihren Fähigkeiten zweifelt.[64] Frauen sagen eher selten: »*Mein Konzept war super, aber der Geschäftsführer war wohl mit dem linken Fuß zuerst aufgestanden und hat es blöderweise abgelehnt. Sein Fehler.*«

Natürlich spielen bei all dem anerzogene Haltungen eine Rolle. Mädchen werden gelobt, wenn sie still und fleißig sind, Jungen werden ermuntert, sich die Welt zu erobern. Tut ein Mädchen dasselbe, ist es ein »Wildfang«. Auf Jungen findet dieses Wort bezeichnenderweise keine Anwendung – sie dürfen wild sein und sich mit anderen messen. Und wer sich messen darf, dem ist das

Siegen später auch nicht peinlich. Überlegen Sie einmal, welche der folgenden Glaubenssätze auch auf Sie selbst zutreffen:

1. »Ich darf mich nicht in den Vordergrund drängen.«
2. »Ich sollte mich selbst nicht so wichtig nehmen.«
3. »Ich will anderen nicht wehtun.«
4. »Eigenlob stinkt.«
5. »Ich möchte sympathisch wirken.«
6. »Vorsicht ist die Mutter der Porzellankiste – nur nicht abhe-ben!«
7. »Mädchen, die pfeifen, und Hühnern, die krähen, denen soll man beizeiten den Hals umdrehen.«

Den letzten Spruch bekam ich in meiner Kindheit regelmäßig zu hören, wenn ich aus Sicht von Großeltern, Tanten oder Nachbarn über die Stränge schlug und Dinge tat, die ein Mädchen ihrer Ansicht nach nicht tun sollte. Natürlich ist das Unsinn, mein Kopf weiß das. Bis es in meinem Bauch und Herzen ankam, hat es viele Jahre gedauert. »Erfolg und Beliebtheit korrelieren bei Männern positiv und bei Frauen negativ«, hat auch Sandberg erfahren. Sie schlussfolgert: »Um uns selbst vor dem Nicht-gemocht-Werden zu schützen, stellen wir unsere Fähigkeiten infrage und spielen vor allem im Beisein anderer herunter, was wir erreicht haben.« Im ersten Mitarbeitergespräch hatte Mark Zuckerberg vor allem eine Botschaft an seine neue Facebook-Geschäftsführerin: »Mein Wunsch, von allen gemocht zu werden, würde mich bremsen.« [65] Sie sehen: Auch Topmanagerinnen kämpfen mit hinderlichen Glaubenssätzen. Aber sie lassen sich davon nicht unterkriegen. Das erfordert auch in den USA bis heute Durchhaltevermögen:

Das *Time Magazine* vom 18. März 2013 erschien mit einem Cover-Foto von Sheryl Sandberg. Überschrieben war es mit der Schlagzeile: »Don't hate her because she's successful«.

 Der Trainingspartner:
»Warum wollen Frauen es eigentlich immer ALLEN recht machen? Das ist ohnehin unmöglich.«

22. Nimm dir das letzte Stück Kuchen

Simone H., Betriebswirtin, Mitte 30 und seit zwei Jahren Abteilungsleiterin im Fachhandel, ist eine ruhige, pragmatische Frau. Sie erzählt: *»Ich hatte neulich einen Fall, bei dem einer meiner Mitarbeiter eigenmächtig gehandelt hat. Er (gleiche Qualifikation wie ich, etwas älter) wollte eine größere Bestellung aufgeben, bei der offensichtlich persönliche Kontakte eine Rolle spielten. Er hatte das alles schon in die Wege geleitet, bis ich zufällig davon erfuhr. Ich habe dann alles gestoppt und ihm erklärt, dass ich mich nicht veralbern lasse. Er grinste nur und fing an abzuwiegeln: ›Ach Simone, das ist doch alles nicht so wild …‹ Daraufhin habe ich ihn aus dem Zimmer verwiesen, und zwar mit einem lauten ›Raus!‹. Er war auch wirklich ganz schnell verschwunden. Am nächsten Tag habe ich ihn in mein Büro zitiert und ihm noch einmal deutlich gemacht, wie solche Bestellungen zu laufen haben. Allerdings frage ich mich, ob ich mich nicht für mein Brüllen hätte entschuldigen sollen? Schließlich ist der Mann sogar älter als ich.«*

Was meinen Sie? Ist hier eine Entschuldigung fällig? Wir spielen die Szene im Seminar nach. Der Trainingspartner, Anfang 40, hat keine Schwierigkeiten, sich in die Rolle des eigenmächtigen Mitarbeiters zu versetzen. Simone H. sitzt leicht vorgebeugt am Schreibtisch, der Mitarbeiter sitzt ihr entspannt gegenüber. Den Hinweis von Simone H.: »Das geht so nicht. Ich habe das gestoppt!«, quittiert er mit einem leicht genervten Blick zum Himmel und Schweigen. Als Simone H. noch etwas lauter wird – »Ich lasse mich nicht veralbern!« –, grinst er unbeeindruckt: »Mach doch kein Drama draus, das ist doch alles halb so wild.« Daraufhin steht Simone H. abrupt auf, weist zur Tür und hebt die Stimme: »Raus!« Der Trainingspartner schaut verblüfft, das mit dem Grinsen hat sich erledigt. Er schiebt den Stuhl zurück und verlässt eilig das Büro.

Die Teilnehmerinnen neigen dazu, Simone H. solle sich entschuldigen. Angeschrien zu werden, das sei doch schrecklich. Wer schreie, habe unrecht. Und für das Abteilungsklima wäre es auch besser. Schließlich fragen wir den Trainingspartner, ob er eine Entschuldigung erwartet. »Wieso denn entschuldigen?«, fragt der verblüfft. »Sie hat doch nur gezeigt, wer hier das Sagen hat.« Nichts gegen gute Kinderstube und klassische Umgangsformen. Ich würde mir manches Mal mehr davon wünschen, etwa wenn ich von Mitarbeitern im Service grußlos ignoriert werde oder wenn mir ein Vorausgehender beim Verlassen des Kaufhauses fast die Schwingtür an den Kopf knallt. Aber nicht, wenn die guten Manieren das eigene Durchsetzungsvermögen untergraben würden. Simone H. hat den Mitarbeiter weder persönlich beleidigt noch unfair angegriffen. Sie hat auf sein Verhalten reagiert und ihm mit einer einzigen Silbe deutlich gemacht, dass sie sich nicht auf der Nase herumtanzen lässt.

Wir lernen jede Menge Verhaltensregeln, bevor wir erwachsen werden. Man bedient sich nicht als Erste(r), und man nimmt sich auch nicht das letzte Stück Kuchen. Man sitzt gerade und spricht nicht mit vollem Mund. Man nimmt Rücksicht auf andere und drängt sich nicht in den Vordergrund. Manches davon entwickelt sich zum Bremsklotz beim beruflichen Fortkommen. Ein Beispiel:

Der Bankenvorstand, den Sie schon in Kapitel 20 kennengelernt haben, war ratlos: Er hat einer Mitarbeiterin, die von einer renommierten Unternehmensberatung erst vor Kurzem ins Unternehmen gewechselt war, nahegelegt, sich auf eine ausgeschriebene Position zu bewerben. Es geht um eine begehrte und hoch dotierte Stabsstelle. Seiner Ansicht nach ist die junge Frau »begnadet« und »genial« und die Idealbesetzung. Doch die Mitarbeiterin ziert sich: »Ich würde ja gerne, aber ist nicht erst mal der Kollege U. dran? Der ist doch schon viel länger im Unternehmen.« Der Kollege wolle sich auf jeden Fall bewerben und wäre sicher sauer über die Konkurrenz. »Bisher verstehen wir uns doch so gut.«

Wenn das keine Schutzbehauptung ist, weil die Frau lieber eine Karrierepause einlegen möchte, ist es schlicht dumm. Können Sie sich vorstellen, dass ein Mann sagt: »Och nö, die Gaby ist schon viel länger da, befördern Sie mal lieber die und nicht mich«? Im Unternehmen gelten andere Spielregeln als beim Kaffeekränzchen mit der Verwandtschaft: Nehmen Sie sich also das letzte Stück Kuchen!

 Der Trainingspartner:
»Manche Frauen verhalten sich noch wie Papas Lieblingstochter. Immer schön brav. Dann aber bitte nicht schmollen, wenn es anders kommt, als frau sich wünscht.«

23. Du bist »zickig«? Na und?

»Emotional, zickig, zu brav«, titelte der *Harvard Business Manager*
im Oktober 2013 und widmete sich den Klischees, die die Karriere von Frauen behindern. Nur: Was heißt eigentlich »zickig«?
Auch wenn das Thema in Internetforen, Frauenzeitschriften und
Männermagazinen hin- und hergewendet wird: Eine Definition
sucht man vergeblich, auch beim renommierten Managerblatt.
Meine Teilnehmerinnen-Abfrage vor Seminaren (»Was erwarten
Sie von der Veranstaltung?«) ergibt seit Jahren das Gleiche. Frauen
möchten vieles nicht sein: nicht besserwisserisch, nicht arrogant,
nicht autoritär, nicht kleinkariert, nicht »pushy«, nicht anmaßend,
nicht engstirnig ... Aber vor allem eines nicht: zickig.

»Zickig« scheint für viele Frauen das Reizwort zu sein. Das ist
auch verständlich. Bei »zickig« schwingt ein verächtlicher Unterton mit. Im Synonymwörterbuch werden als Varianten unter anderem angeboten: »affig«, »puppig«, »affektiert«, »überambitio-
niert«, »zimperlich«, »prüde«.[66] Wer dieses Etikett angeheftet
bekommt, wird in ein Kleinmädchenschema gepresst, nicht ernst
genommen. Das will niemand, und genau das macht »zickig« zu
einer willkommenen rhetorischen Waffe. Es bedeutet alles und
nichts und lässt sich daher fast beliebig in den Raum stellen,
wenn Frau sich anders verhält, als Mann es gerne hätte. Und
meist erfüllt die rhetorische Keule ihren Zweck: Frau lenkt ein
oder lässt sich zumindest verunsichern. Sie will ja nicht zickig
sein.

Lassen Sie den Vorwurf lieber kühl an sich abprallen. Oder fragen Sie einfach mal freundlich nach: »Was genau meinen Sie
denn damit?« Und verschwenden Sie Ihre Energie nicht länger

darauf zu grübeln, was Sie alles *nicht* sein wollen. Viel interessanter ist doch die umgekehrte Frage: Was wollen Sie sein? Wer das genau weiß, kann Berge versetzen.

 Der Trainingspartner:
»Man(n) muss eine Frau nur ›zickig‹ nennen, wenn sie nicht so will, wie man es gerne hätte – schon hat man sie wieder da, wo man sie hinhaben will.«

24. Vom Umgang mit Testosterongesteuerten

1.   *»Wie kann ich auf Komplimente reagieren, die sich aber nicht auf meine eigentliche Arbeit beziehen, sondern eher auf mein Aussehen oder mein Verhalten? Beispiele: ›Schicke Bluse!‹ Oder: ›Sie haben so ein charmantes Lächeln, Frau …‹«*

2.   *»Ich bin promovierte Chemikerin und wurde in einem hochkarätig besetzten Gutachterausschuss (bisher alles Männer) vom Vorsitzenden mit den Worten begrüßt: ›Ach, Frau G., wie nett. Da haben wir ja auch was Schönes fürs Auge.‹ Ich war sprachlos.«*

3.   *»Was mache ich, wenn immer wieder in einer Männerrunde von fallenden Blättern und fallenden Kleidern gesprochen wird?«*

4.   *»Eine Sitzung mit ausschließlich männlichen und zum Teil deutlich älteren Teilnehmern. Einer ergeht sich in anzüglichen Altherrenwitzen und sieht mich dabei immer wieder herausfor-*

dernd an. Ich würde gerne deutlich machen, dass dieses Verhalten für mich inakzeptabel ist.«

5. *»Ich werde die Abteilung wechseln. Mein neuer Chef ist dafür berüchtigt, dass er gern mal ›grapscht‹, den Arm um einen legt oder anerkennende Bemerkungen zur Körbchengröße macht. Wie kann ich das abwehren, ohne meine Position zu gefährden?«*

Was verschiedene Klientinnen hier erzählen, ist alles andere als ungewöhnlich. Anfang 2014 veröffentlichte das Bundesministerium für Familie, Senioren, Frauen und Jugend die Ergebnisse einer repräsentativen Umfrage zur »Lebenssituation, Sicherheit und Gesundheit von Frauen«. Die Zahlen sprechen für sich: 58 Prozent aller Frauen haben »Situationen sexueller Belästigung« erlebt. Knapp die Hälfte dieser Frauen fühlte sich ernsthaft bedroht, bei 9 Prozent kam es zu körperlicher Gewalt bis hin zur Vergewaltigung. Zur sexuellen Belästigung zählt das Ministerium auch weniger schwerwiegende Formen wie Anstarren, anzügliche Bemerkungen, Belästigungen am Telefon. Außer im privaten Umfeld kommen Übergriffe vor allem am Arbeitsplatz vor. Opfer werden vor allem Frauen, die gering qualifiziert, noch in der Probezeit oder erst kurz im Betrieb sind. Häufig bestehe ein »großes Machtgefälle zwischen Tätern und Opfern«.[67]

Deutlich wird: Bei sexueller Belästigung geht es nicht um hormongesteuerte Männer, die schuldlos der Attraktivität einer Mitarbeiterin erliegen. Es handelt sich um das Ausleben von Macht, um Gewalt (und auch dabei spielt das Sexualhormon Testosteron ja eine Rolle). Doch was ist noch harmlos und was ist schon eine Belästigung? Im Zuge der »Brüderle-Debatte« wogte die Diskus-

sion hin und her, und viele Medien erweckten den Eindruck, es
sei für die bedauernswerten Männer ab sofort gefährlich, sich allein mit einer Frau in einem Raum aufzuhalten, weil ein Mann ja
nicht wissen könne, wie empfindlich die jeweilige Dame sei. Sie
erinnern sich: Noch-FDP-Vorsitzender Rainer Brüderle hatte einer *Stern*-Journalistin in der Hotelbar unter anderem ein Dirndl-
taugliches Dekolleté bescheinigt. Die Journalistin schrieb ein
Jahr später einen Artikel unter der Überschrift »Der Herrenwitz«.[68] In der zum Teil erschreckend aggressiven Debatte, die
darauf losbrach, las ich auch eine sehr kluge Empfehlung von einem Mann an seine Geschlechtsgenossen: Wer unsicher sei, ob
sein Benehmen schon eine Grenzverletzung bilde, solle sich doch
einfach fragen, ob er möchte, dass andere Männer so mit seiner
Frau oder mit seiner halbwüchsigen Tochter umgingen. Damit ist
eigentlich alles gesagt. Männer wissen genau, wann sie Grenzen
überschreiten, und sie tun es dann bewusst. Lassen Sie sich nichts
anderes einreden.

Natürlich ist gegen ein nettes Kompliment wie im ersten Beispiel nichts einzuwenden. Warum nicht einfach kurz danken und
dann zur Tagesordnung übergehen? Sollte eindeutig zweideutig
weniger die schöne Bluse als vielmehr deren Inhalt gemeint sein,
reicht es in vielen Fällen, den anzüglichen Kollegen kühl abblitzen zu lassen. Das bewährt sich auch bei den üblichen Sprüchen,
die Frauen zur hübschen Dekoration erklären (zweites Beispiel).
Harmlos finde ich das nicht, eher entlarvend, und leider bis in die
Topetagen verbreitet. Josef Ackermann, damals noch Vorstands-
vorsitzender der Deutschen Bank, bedauerte 2011 öffentlich, dass
man bisher noch keine Frau für das Group Executive Committee
(die Ebene unter dem Vorstand) gefunden habe: »Aber ich hoffe,

dass das irgendwann dann farbiger sein wird und auch schöner.«[69] Oder Sie kontern das nächste Mal mit einem bewährten Witz und fragen die Männer: »*Sie wissen ja, warum Frauen eher schön als klug sein sollen?*« Ihr Gegenüber wird mit fast hundertprozentiger Sicherheit passen. – »*Nun, weil Männer besser gucken als denken können.*« Gern können Sie dazu ein maliziöses Lächeln aufsetzen.

Auch für die üblichen Herrenwitze hier etwas Munition, falls kühl abblitzen lassen nicht reicht: »*Herr ..., wissen Sie eigentlich, was eine Frau macht, wenn ihr Mann im Garten Zickzack läuft?*« – »*Nein? Ganz einfach: nachladen.*« Und weil ich einmal so schön dabei bin, zum Schluss noch ein Blondenwitz, für den Fall, dass man in Ihrer Gegenwart gerne Blondinenwitze erzählt und Sie sich revanchieren möchten:

Ein Blinder sitzt in einer Bar an der Theke und ruft in Richtung Barkeeper: »Hey, willst du einen Blondenwitz hören?« In der Bar wird es plötzlich totenstill. Dann sagt der rechte Nebenmann des Blinden: »Da ist etwas, was du wissen solltest. Der Barkeeper ist blond und kräftig. Der Rausschmeißer ist blond und fast zwei Meter groß. Ich bin blond, 100 Kilo schwer und habe den schwarzen Gürtel. Und der Typ auf deiner linken Seite ist mehrfach wegen Körperverletzung vorbestraft – und ebenfalls blond. Willst du immer noch deinen Blondenwitz erzählen?« – »Nö«, sagt der Blinde, »nicht, wenn ich ihn gleich viermal erklären muss!«

Die meisten dummen Sprüche lässt man am besten ins Leere laufen. Eine Topmanagerin, Personalvorstand im Maschinenbau, erzählte mir, dass Gesprächspartner regelmäßig ihren »armen Mann« bedauerten, weil seine Frau »ja so viel arbeiten« müsse. Auf dem Ohr sei sie einfach taub und gehe kommentarlos weiter im Text. Ein schlagfertiger Konter (oder »männerfeindlicher« Witz) mag Ihnen zwar den Ruf eintragen, Haare auf den Zähnen zu haben – aber man wird Sie künftig eher in Ruhe lassen. Auf keinen Fall sollten Sie rot werden, sich verlegen winden oder auch noch gute Miene zum bösen Spiel machen, wenn frauenfeindliche Sprüche fallen. Natürlich ist das leichter gesagt als getan. Einfacher wird es, wenn Sie von vornherein darauf gefasst sind. Mich überrascht immer wieder, wie überrascht Frauen sind, wenn solche Attacken kommen. Sie sind so alltäglich, dass frau einfach damit rechnen sollte. Machen Sie sich klar, dass es hier um ein Machtspielchen geht: Man(n) testet an, ob man(n) Sie einschüchtern oder in Verlegenheit bringen kann – siehe den Spruch mit den fallenden Blättern und den fallenden Kleidern. Manchmal hilft da kühle Ironie: »Ich hoffe, es ist Ihnen recht, wenn wenigstens ich höflich bleibe.«

Meine Kollegin Marion Knaths ist der Meinung, jede Frau, die sich durchsetzen wolle, müsse im Unternehmen in jeder neuen Position vier Stufen durchlaufen:

Stufe 1: Sie werden nicht ernst genommen.
Stufe 2: Der sexuelle Check.
Stufe 3: Die Ablehnung.
Stufe 4: Der Einstieg ins Rangordnungsspiel – Konkurrenz.[70]

Knaths geht damit wie ich davon aus, dass frauenfeindliche Sprüche, Witze und Anzüglichkeiten einen strategischen Zweck erfüllen sollen. Und diese Strategie durchkreuzen Sie am besten, indem Sie nicht mitspielen. Die folgende Ablehnung (»Eisblock«, »frigide«, »womöglich lesbisch«) müssen Sie aushalten. Dann wird man(n) sich am ehesten daran gewöhnen, dass Sie ernst zu nehmen sind.

Schwieriger ist es tatsächlich mit Handgreiflichkeiten und sexueller Gewalt wie im letzten Beispiel. An die Fürsorgepflicht des Arbeitgebers zu appellieren ist riskant: »Vielfach erleben diese Frauen negative Reaktionen, wenn sie sich an den Arbeitgeber oder die Arbeitgeberin wenden«, erklärt das Bundesministerium für Familie, Senioren, Frauen und Jugend zur eingangs zitierten Studie. Angst vor Arbeitsplatzverlust veranlasse Betroffene zu schweigen. Leider ist diese Angst berechtigt. Ich kann betroffenen Frauen daher nur eines raten: Wehren Sie den Anfängen, und zwar energisch. Im Durchbox-Seminar üben wir Handgriffe und Bewegungen, mit denen man sich elegant aus Umklammerungsversuchen befreien kann. In der Regel reicht so ein eindeutiges nonverbales Signal (siehe »Move Talk« → 11. Trau dich, Männer anzufassen [Nein – nicht überall!]). Auch ein Selbstverteidigungskurs kann Ihr Rückgrat stärken. Wer weiß, wie er sich wehren kann, strahlt das auch aus und gerät nicht so leicht in die Opferrolle. Eins jedoch sollten Sie unbedingt vermeiden, wenn man Sie bedrängt: Flüchten Sie sich nicht in ein verlegenes Lächeln, das macht alles nur noch schlimmer. Und überlegen Sie gut, ob der Arbeitsplatz es wert ist, die eigene Würde zu opfern.

 Der Trainingspartner:
»Auf einen groben Klotz gehört ein grober Keil. Mancher Mann braucht einfach einen Schuss vor den Bug!«

25. Rabenmütter gegen Latte-macchiato-Mamas

»Hoffentlich tut es dir nicht mal leid, dass du deine Kinder so vernachlässigt hast.«, sagt die Sachbearbeiterin in Teilzeit zur Vollzeit-Kollegin, die zwei Töchter im Alter von vier und neun Jahren hat. Wer solche Freundinnen hat, braucht keine Feinde mehr. »Obwohl ich zwei fröhliche Kinder habe und obwohl mein Mann, der noch in der Ausbildung ist, sich um die beiden kümmert, ging mir das durch Mark und Bein«, berichtet meine Klientin. Dabei können Frauen es eigentlich nur falsch machen. Fügen sie sich traditionellen Rollenerwartungen und bleiben wegen der Kinder zu Hause, sind sie »Nur-Hausfrauen«, die sich auf Kosten des Mannes ein bequemes Leben machen und neuerdings als gluckende »Latte-macchiato-Mütter« durch die Gazetten geistern. Verzichten sie auf Kinder, sind sie egozentrische Karrieremonster. Und wollen sie beides, Karriere und Kinder, sind sie »Rabenmütter«. Irgendwer findet sich immer, der das jeweilige Lebensmodell kritisiert. Fatalerweise neigen auch wir Frauen dazu, jeden Lebensentwurf, der sich von unserem unterscheidet, als Infragestellung der eigenen Entscheidung zu empfinden. Hinter der oft polemisch und persönlich verletzend geführten Debatte steckt im Grunde Unsicherheit.

Schön wäre, wenn wenigstens wir Frauen untereinander nach der Devise »Leben und leben lassen« verfahren könnten. Für Frauen, die sich für den zweifellos kräftezehrenden Spagat »Kinder und Karriere« entschieden haben, hat die Forschung indes gute Nachrichten. Studien der letzten Jahre belegen, dass Kinder berufstätiger Mütter keineswegs psychisch auffälliger oder in der Schule schlechter sind als Kinder, deren Mütter zu Hause bleiben – im Gegenteil: Sie sind leistungsmotivierter und erfolgreicher, hat die Psychologin Una Röhr-Sendlmeier in einer Erhebung mit 5500 Familien herausgefunden. Offenbar wirken hier häusliche Vorbilder, die Kindern vorleben, die Dinge anzupacken. Das Deutsche Institut für Wirtschaftsforschung (DIW) ermittelte zudem, dass berufstätige Mütter im Schnitt zufriedener sind als nicht berufstätige. Das wirkt sich offenbar positiv auf die psychische Stabilität ihrer Kinder aus: Kinder arbeitender Frauen haben ein geringeres Risiko, psychisch auffällig zu werden, so der Kinder- und Jugendgesundheitssurvey des Berliner Robert-Koch-Instituts.[71] Dennoch sind gerade in Deutschland die Vorbehalte gegen frühe »Fremdbetreuung« von Kindern groß. Die Kulturwissenschaftlerin Barbara Vinken vermutet in ihrem Buch »Die deutsche Mutter« dahinter die Auswirkung eines jahrhundertealten Frauen- und Familienbildes.[72] Es ist sicher kein Zufall, dass es für das deutsche Wort »Rabenmutter« in anderen europäischen Sprachen kein Pendant gibt. Vielleicht trösten Sie sich damit, dass Raben in Wahrheit sehr fürsorgliche Vogeleltern sind, wenn Ihnen dieser Vorwurf begegnen sollte, und steigen aus der fruchtlosen Konkurrenz weiblicher Lebensentwürfe aus. Trauen Sie sich, Ihren eigenen Wünschen zu folgen!

Sollten Sie sich für Kinder und Karriere entscheiden, nur so viel: Den idealen Zeitpunkt zum Kinderbekommen gibt es schlicht nicht. Wer bereits in der Ausbildung schwanger wird, kann mit Mitte, Ende 30 noch einmal durchstarten. Genauso viel spricht dafür, erst einmal die Karriere voranzutreiben und eine möglichst hohe Position zu erreichen: Eine Abteilungsleiterin oder Topmanagerin hat mehr Einfluss auf die Gestaltung ihrer Arbeitsbedingungen als eine Sachbearbeiterin. Frauen wie Yahoo-Chefin Marissa Mayer oder die Gruner + Jahr-Vorstandschefin Julia Jäkel machen es vor. Gleichzeitig ist der finanzielle Spielraum für gute Betreuung größer. Machen Sie bitte nicht die Milchmädchenrechnung auf, arbeiten zu gehen »lohne« sich für Sie nicht, weil ein Großteil Ihres Nettogehalts für die Kinderbetreuung draufgeht. Seine berufliche Laufbahn nicht aus den Augen zu verlieren und einen Karriereknick abzuwenden, ist eine langfristige Investition, während die zeitintensiven Babyjahre gemessen an der gesamten Lebenszeit und dem Berufsleben vergleichsweise kurz sind. Und noch ein letzter Hinweis: Verhandeln Sie rechtzeitig über die Bedingungen Ihres Wiedereinstiegs! Nie wieder ist Ihre Verhandlungsposition so gut wie zu Beginn der Schwangerschaft. Noch kann sich niemand vorstellen, wie der Laden ohne Sie laufen soll. Sind Sie erst einmal einige Monate in der Babypause, kann das schon anders aussehen.

»Warum fragt eigentlich niemand Tom Buhrow nach seinen Kindern?«, fragte die Tagesthemen-Moderatorin Caren Miosga einmal im *Spiegel*-Interview.[73] Männern ist ein schlechtes Gewissen in Sachen Kinderbetreuung weitgehend fremd. Kein Wunder, von »Rabenvätern« ist nie die Rede und niemand wirft ihnen Egoismus vor, wenn sie beruflich vorankommen wollen, obwohl sie Väter sind, im Gegenteil: Väter haben ja »eine Familie zu versorgen«. Mütter nicht? Es ist erschreckend, wie stark die Rollenklischees der Fünfzigerjahre noch wirken. Dagegen hilft nur eins: Nehmen wir Frauen unsere Partner stärker in die Pflicht, damit wir ebenfalls beruhigt beides haben können, Kinder und eine Karriere! (→ 33. Karriere beginnt am Küchentisch)

Der Trainingspartner:
»Warum lassen Frauen sich eigentlich permanent ein schlechtes Gewissen einreden? Männer tun das doch auch nicht.«

TAKTIK: VON KAFFEE KOCHEN BIS GEHALT ERHÖHEN

»Was Frauen noch lernen müssen, ist: Niemand verleiht einem Macht. Man nimmt sie sich einfach.«

Roseanne Barr
(US-Komikerin, Schauspielerin, Moderatorin, Autorin)

»Man tut, was man kann, und legt sich schlafen. Und auf diese Weise geschieht es, dass man eines Tages etwas geleistet hat.«

Paula Modersohn-Becker
(Expressionistische Malerin, etwa 750 Gemälde, 1.000 Zeichnungen)[74]

Taktik, das klingt in manchen Frauenohren fies – unehrlich, intrigant. So möchte frau nicht sein. Ob im Märchen, in der Vorabendserie oder im Kino. Positive Heldinnen taktieren nicht, sie sollen »reinen Herzens« sein. Wer so denkt, übersieht allerdings, dass es in jedem Unternehmen zwei Ebenen gibt: auf der einen finden sich die offiziellen Absichtserklärungen und Regeln – auf der anderen läuft das tatsächliche Geschehen ab. Würden die Leitbilder und Mitarbeiterverlautbarungen die ganze Wahrheit erzählen, wäre die Wirtschaft ein Hort der Seligen. Wer in einem Unternehmen Erfolg haben will, tut gut daran, auch die ungeschriebenen Regeln zur Kenntnis zu nehmen. »Mikropolitik« nennt das der Führungsexperte Oswald Neuberger, von »Bühne« und »Backstage« sprechen andere. Mischen Sie zukünftig lieber mit, als weniger kompetente Kollegen an sich vorbeiziehen zu sehen. Wenn nötig, schlagen Sie die Männer eben mit ihren eigenen Waffen. Denn daran führt manchmal kein Weg vorbei, solange das Karrierespiel vorwiegend nach männlichen Regeln gespielt wird.

26. Macht macht Spaß

Ganz ehrlich: Was ging Ihnen durch den Kopf, als Sie gerade die Überschrift lasen? Zweifel? Widerspruch? Unbehagen? Oder Zustimmung? Wenn Sie spontan zugestimmt haben, gehören Sie zu einer kleinen Minderheit. »Frauen fremdeln mit der Macht, sie müssen sich noch daran gewöhnen«, sagt beispielsweise die frühere Gesundheitsministerin Andrea Fischer. Und Efstratia Zafeiriou, Topmanagerin bei Audi, meint: »Männern ist die Ausübung von Macht eher vertraut, und sie nehmen sie auch leichter und konsequenter an.«[75] Die Ursachen für dieses weibliche »Fremdeln« waren bereits mehrfach Thema: die »Fürsorgemoral« der Frauen, ihre Erziehung zu Harmonie und Miteinander, ihr Unbehagen, wenn es darum geht, sich miteinander zu messen und andere zu »besiegen«. Doch es führt kein Weg daran vorbei: Wer führt, hat Macht über andere und kommt manchmal nicht darum herum, diese Macht auch einzusetzen. Und das kann tatsächlich ein Befreiungsschlag sein, wie das folgende kleine Beispiel zeigt.

»Bei großen Projekten engagiere ich Co-Trainer und -Trainerin-
nen für Teilaufgaben. Die Projektleitung bleibt bei mir – ich bin die-
jenige, die das Projekt konzipiert, den Kunden gewonnen, Honorare
verhandelt und den Ablauf organisiert hat. In der Regel klappt die
Zusammenarbeit wunderbar. Ausnahme war ein Trainer, der be-
harrlich versuchte, mich in die Rolle seiner Sekretärin zu drängen,
beispielsweise unsere Telefonate für ihn zu protokollieren (›Schreibst
du das dann bitte auf?‹). Natürlich spielte ich jedes Mal diesen Ball
zurück, zunächst lachend, dann ironisch, schließlich zornig, als ich
mir anhören musste, Frauen seien einfach ›sprachbegabter‹ als Män-
ner und ich solle doch nicht so kleinlich sein. Am Ende habe ich dem
Trainer sachlich mitgeteilt, dass ich ab sofort auf seine Mitarbeit ver-
zichte. Glauben Sie mir, es hat Spaß gemacht, das zu tun, im Be-
wusstsein, mich künftig nicht mehr regelmäßig ärgern zu müssen.«

In diesem Fall habe ich meine Macht genutzt – Macht im Sinne
der bekannten Definition des Soziologen Max Weber. Danach ist
Macht »jede Chance, innerhalb einer sozialen Beziehung den eigenen Willen auch gegen Widerstand durchzusetzen«. Macht er-
öffnet einem Freiräume, bietet Gestaltungsmöglichkeiten, befördert eigene Ziele, ermöglicht Erfolge. Und deshalb macht es
mehr Spaß, mächtig zu sein als ohnmächtig oder machtlos. Das
schlechte Image der Macht wurzelt darin, dass Macht missbraucht
werden kann. Macht sei kein Wert an sich und per se auch kein
Vergnügen, unterstreicht daher zu Recht die Journalistin May-
britt Illner: »Es kommt – wie beim Beton – darauf an, was man
daraus macht: eine Mauer oder eine Sprungschanze.«[76] Dieser
Hinweis ist aus meiner Sicht wichtiger als sprachliche Verschleie-
rungsversuche, bei denen »Macht« durch das harmloser klin-
gende Wort »Einfluss« ersetzt wird.

Das Unbehagen vieler Frauen in puncto Macht bezieht sich meiner Beobachtung nach nur auf eine bestimmte, als »typisch männlich« empfundene Form der Machtausübung, auf die »Basta!«-Macht eines Gerhard Schröder, auf offensive Demonstrationen, wer in einer Situation das Sagen hat. Das ist Machtausübung mit offenem Visier und manchmal die Ultima Ratio, wie mein Beispiel zeigt. Basierend auf ihrer jahrhundertelangen Unterordnung üben Frauen Macht eher indirekt aus, das schwingt schon im alten Klischee von den »Waffen einer Frau« mit. Nicht selten spielt dabei emotionaler Druck eine Rolle: Die Schwiegermutter, die am Telefon jedes Mal seufzend erzählt, wie häufig die Nachbarin Besuch von ihren erwachsenen Kindern bekommt (Subtext: »Ihr kümmert euch nicht genug um mich!«). Die Mutter, die regelmäßig betont, sie habe eine hoffnungsvolle Karriere gerne der Betreuung der Kinder geopfert (Subtext: »Wo bleibt die Dankbarkeit?«). Die Kollegin, die immer dann Magenschmerzen bekommt, wenn sie an eine längst fällige Arbeit erinnert wird, und die das mit Kamillentee und Leidensmiene zelebriert (Subtext: »Wie könnt ihr so gemein zu mir sein?«). Vermutlich kennen Sie dieses Muster aus dem eigenen Umfeld nur zu gut. Manchmal tarnt sich die Machtausübung auch mit dem moralischen Zeigefinger: »Wo es so schlecht um Karl steht, sollten wir ihn damit nicht belasten.« Oder: »Ich finde es nicht fair, in dieser angespannten Unternehmenssituation auf den eigenen Vorteil zu schauen.« Bis weit ins 20. Jahrhundert waren indirekte Strategien der Machtausübung eine verständliche Notwehrstrategie des formal machtlosen Geschlechts. Schließlich konnte noch bis 1958 der Ehemann seiner Frau die Berufsausübung verbieten, und erst seit 1962 war diese überhaupt in der Lage, ohne seine Zustimmung ein Bankkonto zu eröffnen.[77] Im Beruf kommt frau mit emotionaler Erpressung jedoch nicht weit, und ob diese Taktik fairer ist als Tacheles, sei einmal dahingestellt.

Dennoch ist direkte Machtdemonstration im Alltag die Ausnahme. »Weise ausgeführte Macht ist kaum spürbar«, meint Ursula von der Leyen, die als Ministerin zweifellos keine Berührungsängste zur Macht kennt.[78] »Machtworte« wie im Beispiel oben können Sie auf ein Minimum beschränken, wenn Sie es verstehen, Ihre Macht auf andere Weise zu demonstrieren und zu festigen. Strategien für Ihren beruflichen Alltag:

1. Stellen Sie Ihr Licht nicht unter den Scheffel, sondern benennen Sie klar und deutlich Ihre Position: »Ich bin Sabine Müller, die Marketingleiterin« (statt bescheiden zu sagen: »Sabine Müller, ich bin hier zuständig für Marketing«).

2. Gewöhnen Sie sich daran, »ich« zu sagen und zu Ihrer Verantwortung zu stehen: »Ich leite das Projekt XY«, »Ich habe ein Konzept für YZ entwickelt«, »Ich bin verantwortlich für den reibungslosen Ablauf bei …« (statt: »Wir haben hier ein Projekt XY«, »Dazu liegt ein Konzept vor«, »Wir sorgen für …«).

3. Formulieren Sie klare, kurze Statements (→ 3. Sag in drei Sätzen, wofür du früher zehn gebraucht hast). Mächtige Menschen quasseln nicht.

4. Achten Sie darauf, wie Sie sich auf der »Unternehmensbühne« bewegen. Rennen und hetzen Sie nicht. Gehen Sie eine Runde um den Block, wenn Sie aufgewühlt sind, oder atmen Sie hinter verschlossener Bürotür tief durch. Hektik wirkt unsouverän und schmälert Ihren Einfluss, in Tränen

auszubrechen untergräbt ihn vollends (→ 38. Heulen hilft, aber nur im stillen Kämmerlein).

5. Ziehen Sie sich professionell an. Wenn Sie Aufstiegsambitionen haben, kleiden Sie sich für die Position, die Sie anstreben (aber niemals teurer und exklusiver als Ihre Chefin oder Ihr Chef) (→ 9. Vom Nutzen der Uniform).

6. Nutzen Sie die Insignien der Macht. Im Unternehmen sind das vor allem die Statussymbole, die Ihnen qua Rang zustehen (zum Beispiel Einzelbüro, »Chefmöblierung«, Dienstwagen, Parkplatz in Eingangsnähe) (→ 34. Besser BMW als Bahncard [Statussymbole]). Keine Königin käme auf die Idee, in Flip-Flops vor das Volk zu treten und mit dem Fahrrad in den Palast zu radeln ;-).

7. Formulieren Sie Ihre Ansprüche und Karriereziele klar und deutlich, sagen Sie Ihrer (Ihrem) Vorgesetzten, was Sie anstreben. Bereiten Sie sich sorgfältig auf Jahres- und Mitarbeitergespräche vor. Fragen Sie »Was muss ich tun, um XY zu erreichen?« oder »Unter welchen Voraussetzungen könnte ich diese Position bekleiden?«, wenn Chef oder Chefin zögerlich reagieren. Erfüllen Sie die genannten Bedingungen und stellen Sie Ihre Forderungen erneut.

8. Plaudern Sie nicht zu vertrauensselig private Probleme aus. Sie laufen sonst Gefahr, dass dies gegen Sie verwendet wird (»Frau … macht gerade eine Scheidung durch und ist deshalb nicht belastbar. Meinen Sie wirklich, dass man ihr dieses wichtige Projekt anvertrauen sollte?«)

9. Wissen ist Macht. Behalten Sie Ideen für sich, bis Sie sie an geeigneter Stelle anbringen können. Sonst besteht die Gefahr, dass sich jemand anders mit Ihren Federn schmückt.

10. Schmieden Sie Bündnisse, um Ihre Projekte voranzubringen, und zwar mit Frauen wie mit Männern. Knüpfen und pflegen Sie im Vorfeld Kontakte, indem Sie die Kantine, Meetingpausen, interne Veranstaltungen und Ähnliches für Small-Talk nutzen. Interessieren Sie sich für Ihr Gegenüber, knüpfen Sie persönliche Fäden (siehe auch → 1. Wer Fußballerisch kann, ist klar im Vorteil). Ein persönlicher Draht ist ein guter Start für ein Sachbündnis. Solche Bündnisse leben vom Geben und Nehmen. Gehen Sie in Vorleistung, aber lassen Sie sich nicht ausnutzen.

11. Suchen Sie die Nähe Erfolgsorientierter und Erfolgreicher, meiden Sie Außenseiter und Erfolglose. Ihr Image im Unternehmen wird leiden, wenn man Sie regelmäßig in der Gesellschaft von »Losern« sieht. Sieht man Sie in der Nähe der Mächtigen, färbt das positiv auf Sie ab.

12. Machen Sie auf sich aufmerksam, indem Sie Prestigeprojekte übernehmen und interne Öffentlichkeitsarbeit betreiben, etwa durch Beiträge in der Mitarbeiterzeitung oder im Intranet.

13. Halten Sie energisch dagegen, wenn jemand in Ihren Kompetenzbereich eindringt – wehren Sie den Anfängen! Das gilt auch, wenn Sie das Gefühl haben, ein Mitarbeiter, eine Aushilfe, ein Diplomand will sich von Ihnen (als Frau) nichts sagen lassen. Reden Sie Klartext, nutzen Sie »Move Talk« (→ 6. Klartext schafft Klarheit und → 11. Trau dich, Männer anzufassen [Nein – nicht überall!]).

Klingt anstrengend? In dieser geballten Auflistung sicherlich. In der Praxis müssen Sie jedoch nicht ständig um Ihre Macht ringen, es wird allerdings immer wieder »Testsituationen« geben. Wenn Sie neu sind (oder wenn ein neuer Mitarbeiter dazustößt), mehr, wenn Ihre Position erst einmal gefestigt ist, weniger. Wenn es Spitz auf Knopf steht, klug zu handeln, ist weniger anstrengend, als aufgrund taktischer Fehler pausenlos um Anerkennung ringen zu müssen, wie das folgende Beispiel einer Seminarteilnehmerin zeigt:

»Als Verlagslektorin bin ich auf enge Zusammenarbeit mit der Herstellungsabteilung angewiesen. Einer der Hersteller überzog regelmäßig Termine und brachte mich dadurch unter Zeitdruck. Als ich an einem späten Freitagnachmittag Druckfahnen zur Korrektur auf meinem Schreibtisch vorfand mit dem Abgabetermin ›Montag‹, war mir klar, ich muss gegensteuern (der Hersteller hatte sich längst ins Wochenende verabschiedet). Also bin ich am Montagmorgen mit dem unbearbeiteten Papierstapel in die Herstellung marschiert, habe ihn auf den Schreibtisch des verblüfften Herstellers geknallt und ruhig erklärt: ›Ich werde es nicht ausbaden, wenn Sie Ihre Termine nicht im Griff haben. Ich erwarte einen neuen Terminplan, der mir mindestens drei Tage Spielraum gibt. Ansonsten bespreche ich das Problem mit der Herstellungsleitung.‹ Und Abgang. Auf Diskussionen habe ich mich gar nicht erst eingelassen. Die anderen Hersteller verfolgten die Szene sehr interessiert. Seit diesem inszenierten Rumpelstilzchen-Auftritt klappen die Terminpläne.«

Und wo bleibt angesichts solcher Strategien die Authentizität? Das kommt darauf an, was Sie unter diesem schillernden Begriff verstehen. Wenn Sie mit »Authentizität« meinen, stets ungeschützt Ihre Gefühle preiszugeben, kommt das einer Kamikaze-Strategie gleich. Wenn Sie unter Authentizität verstehen, Ihre berufliche Rolle im Einklang mit Ihren persönlichen Werten und Kompetenzen auszufüllen, so lässt sich dies sehr gut mit den beschriebenen Strategien vereinbaren. Und denken Sie daran: »Schwach ist nicht, wer bekämpft wird, schwach ist, wer übersehen wird!« Kleine oder größere Machtkämpfe sind ein Indiz, dass man Sie ernst nimmt.

 Der Trainingspartner:
»Gehen Sie davon aus, dass Kollegen und auch manche Mitarbeiter austesten, wie weit man bei Ihnen gehen kann. Das gehört zum Spiel.«

»Viele Männer finden Macht sexy. Auch bei Frauen. Zeigen Sie Ihre Macht!«

»Schlagen Sie im richtigen Moment Pflöcke ein. Das spart langfristig viel Energie.«

27. Bewillige dir eine Gehaltserhöhung

Vor rund 85 Jahren schrieb Virginia Woolf ihren berühmten Essay »A Room of One's Own« (»Ein Zimmer für sich allein«), der bis heute als einer der wichtigsten feministischen Texte gilt. Doch es geht nicht nur um den eigenen Raum. Gleich auf der ersten Seite entpuppt sich die berühmte Autorin als Pragmatikerin: »Eine Frau muss Geld haben und ein eigenes Zimmer, wenn sie schreiben will.« Man beachte die Reihenfolge!

Frauen und Geld, das ist bis heute ein heikles Thema. Es hat sich herumgesprochen, dass Frauen rund ein Viertel weniger verdienen als Männer, unter anderem durch Teilzeitjobs und die Ar-

beit in schlechter zahlenden Branchen. Aber auch auf vergleich-
baren Positionen verdienen Frauen weniger als der Kollege im
Nachbarbüro, daran konnte auch der »Equal Pay Day«[79] bislang
wenig ändern. Apropos: Wissen Sie eigentlich, ob Ihr Gehalt dem
vergleichbarer Mitarbeiter und Mitarbeiterinnen in Ihrem Unternehmen entspricht? Nein? Dann finden Sie es heraus! Sollten
Ihre persönlichen Kontakte nicht so weit gehen, nutzen Sie Ge-
haltsportale im Internet.[80] Sollten Sie beim Einstieg ins Unternehmen das erste Angebot Ihres Arbeitgebers akzeptiert haben,
verdienen Sie sehr wahrscheinlich weniger als Kollegen und Kolleginnen, die offensiver reagiert haben. Denn Sie bekommen
nicht, was Sie verdienen, sondern das, was Sie verhandeln. Und
das bedeutet: Für Ihre Gehaltserhöhung ist nicht Ihr Chef verantwortlich, sondern vor allem Sie selbst!

Bislang stellen wir Frauen uns vorwiegend selbst ein Bein,
manchmal auch anderen Frauen, wie die folgende Erfahrung einer selbstständigen PR-Beraterin illustriert: »*Vor Kurzem erhielt
ich einen Anruf von einer Frau, die ein Beratungsunternehmen be-
treibt. Sie war auf der Suche nach jemandem, der ihre brachlie-
gende Presse- und Öffentlichkeitsarbeit übernimmt, ihren Bekanntheitsgrad erhöht und auch ihren Webauftritt in diesem Sinne
optimiert. Die potenzielle Kundin eröffnete das Gespräch mit den
Worten: ›Ich habe mich schon mit Herrn … [hier nannte sie einen
meiner Mitbewerber] in Verbindung gesetzt, aber dessen Preise
sind mir zu ambitioniert. Da dachte ich, ich versuche es mal bei
Ihnen.‹ Ich war sprachlos. Frauen müssen also automatisch günstiger sein? Erst hinterher fiel mir ein, dass ich die Beraterin am besten
gefragt hätte, ob sie denn auch billiger ist als die Konkurrenz, nur
weil sie eine Frau ist.*«

Hier einige selbst gebaute Stolperfallen, die mir in Seminaren und Frauen-Coachings immer wieder begegnen:

- *»Geld ist mir nicht so wichtig.«* ⇔ Selbst wenn Sie gut geerbt haben und finanziell unabhängig sind, sollten Sie bedenken: Geld (Gehalt) ist in unserer Gesellschaft auch Ausdruck von Wertschätzung.
- *»Hauptsache, die Arbeit macht mir Spaß.«* ⇔ Wo steht eigentlich geschrieben, dass sich Spaß und eine angemessene Bezahlung ausschließen? Im Gegenteil: Wer mit Spaß und Engagement arbeitet, erzielt mit hoher Wahrscheinlichkeit gute Ergebnisse und sollte erst recht gut bezahlt werden!
- *»Chef oder Chefin werden schon wissen, was angemessen ist.«* ⇔ Das stimmt in den meisten Fällen. Es bedeutet aber nicht, dass sie Ihnen unaufgefordert eine Gehaltserhöhung spendieren. Oder wann haben Sie das letzte Mal zu einem Handwerker gesagt: »Ach wissen Sie, ich würde Ihnen dieses Jahr gern 10 Prozent mehr zahlen«?
- *»Im Moment ist die Lage gerade schlecht …«* ⇔ Viele Frauen sind Meisterinnen darin, sich den Kopf ihrer Führungskraft zu zerbrechen. Sie finden zahlreiche Gründe gegen ihr Anliegen (Chef/Chefin hat gerade viel am Hals; ich bin noch nicht so lange da; erst mal wäre Kollege X dran usw.). Natürlich spielt Timing eine Rolle, steckt das Unternehmen in einer Krise, ist das ein schlechter Verhandlungszeitpunkt. Ansonsten aber gilt: Sie zerbrechen sich Ihren Kopf und der/die Vorgesetzte seinen/ihren. Dafür hat ja jeder einen.
- *»Chef oder Chefin muss doch sehen, was ich leiste!«* ⇔ Selbst wenn das zutrifft: Wer sagt denn, dass Chef oder Chefin das

ungefragt honorieren müssen? Hinzu kommt: Viele Vorgesetzte beschäftigen sich gedanklich viel mehr mit den Sorgenkindern als mit den Leistungsträgern der Abteilung. Das tun Sie ja wahrscheinlich auch.

- *»Ich schreibe regelmäßig Berichte und Mails, die meine Erfolge dokumentieren.«* ⇔ Geschriebenes geht in der Flut der Infos meist unter. Gehaltsforderungen stellt frau am besten mündlich.

- *»Ich rede nicht gern über Geld.«* Oder: *»Ich bin nicht gut im Verhandeln.«* ⇔ Sie gehen wahrscheinlich auch nicht gerne zum Zahnarzt, machen nicht gerne die Steuererklärung und putzen ungern Fenster. Trotzdem tun Sie es hin und wieder. Im Übrigen kann man alles lernen, auch verhandeln.

Wenn wir im Coaching tiefer graben, kommen häufig noch zwei weitere Aspekte ins Spiel, die selten offen ausgesprochen werden:

- *»Alle sollen mich mögen.«* ⇔ Aber doch nicht um den Preis, dass Sie sich unter Wert verkaufen, oder? Im Berufsleben geht es nicht in erster Linie um Beliebtheit, sondern um Respekt. Angemessene Forderungen werden Ihnen Respekt einbringen. Und faire Vorgesetzte schätzen (mögen!) Mitarbeitende, die sich sachlich auseinandersetzen. Das lässt nämlich darauf schließen, dass sie auch die Firmeninteressen auf Augenhöhe mit dem jeweiligen Gegenüber vertreten können.

- *»Geld macht Frauen unsexy.«* ⇔ Da ist leider etwas dran. Finanziell erfolgreiche Männer entwickeln erotische Strahlkraft. Donald Trump oder Flavio Briatore haben wahrscheinlich nicht wegen ihres umwerfenden Äußeren immer eine Frau mit Modelqualitäten an ihrer Seite. Finanziell erfolgreiche Frauen dagegen schrecken viele Männer ab. So ist es immer noch ein Problem, wenn die Ehefrau mehr verdient als ihr Angetrauter. Nur ein gutes Drittel der Männer (37 Prozent) und weniger als die Hälfte der Frauen (!) (43 Prozent) kann sich das vorstellen, ergab die Vorwerk-Familienstudie 2013.[81] Aber ist das wirklich ein Grund, die eigene finanzielle Unabhängigkeit zu opfern?

Auch wenn wir Frauen manchmal so tun, als sei uns das Thema zu trocken, sind Geld und Gehalt in Wahrheit ein emotionales Minenfeld. Forderungen zu stellen, auch finanzielle Forderungen, hat etwas zu tun mit dem eigenen Selbstwertgefühl, mit dem Bewusstsein eigener Erfolge, mit Vertrauen in die eigene Leistung. Wer mehr Geld fordert, gibt damit gleichzeitig ein Erfolgsversprechen für die Zukunft ab. Manche Frau scheut auch das. Doch sich den eigenen Ängsten zu stellen, ist der erste Schritt zu ihrer Überwindung. Der zweite ist gute Vorbereitung auf ein Gehaltsgespräch. Dazu gehört …

… sich klar zu werden, was angemessen ist (auf der Basis erbrachter Leistungen und Erfolge),

… sich Hintergrundwissen über das Gehaltsgefüge in der Branche zu beschaffen, am besten im Unternehmen,

… sich zu trauen, die eigene Forderung knapp und klar zu formulieren, ohne Weichmacher und Umschweife,

… Verhandlungsspielraum einzukalkulieren (d. h. etwas höher einzusteigen als das eigene Wunschergebnis und auch nicht-

monetäre Optionen im Blick zu haben, etwa Dienstwagen, re-
nommierte Fortbildung, größeres Büro),

… sich nicht gleich durch ein Nein entmutigen zu lassen, sondern am Ball zu bleiben – etwa mit Fragen wie: »Wenn das
nicht machbar ist, was können Sie mir anbieten?« Oder: »Wenn
Sie momentan eine Gehaltserhöhung nicht befürworten: Was
müsste ich tun, damit Sie Ihre Meinung ändern?« Damit ist
klar: Sie lassen sich nicht abwimmeln und werden spätestens in
sechs bis acht Monaten wieder nachhaken.

 Der Trainingspartner:
*»Für Männer ist es ganz normal, für ihr Gehalt in den
Ring zu gehen. Das erwarten sie auch von Mitarbeite-
rinnen.«*

*»Lassen Sie sich nicht ins Bockshorn jagen, wenn Ihr
Chef erst einmal Nein sagt. Er probiert einfach, ob er Sie
auf diese Weise schnell wieder loswird und Geld sparen
kann.«*

28. »Kaffee kochen? Keine Ahnung, wie das geht!«

*»Unsere Arbeitsgruppe traf sich zum wöchentlichen Meeting, ein
halbes Dutzend Männer, ich als einzige Frau. Ich war gerade von
der studentischen Hilfskraft am Lehrstuhl zur wissenschaftlichen
Mitarbeiterin aufgerückt und daher erstmals dabei. Nach Vorge-
plänkel und Small Talk sagte jemand: ›Wollen wir nicht anfangen?‹
Darauf der Chef: ›Aber wir haben noch keinen Kaffee!‹ Alle schau-*

ten mich aufmunternd an. Ich war gewappnet und glücklicherweise durch meine Vorgängerin vorgewarnt. Also spielte ich die Unbeteiligte: ›Sehe ich auch gerade. Wer kocht den denn?‹ Stille. Pause. Schließlich erbarmte sich einer der Kollegen.«

Die typische Männerreaktion auf diese Geschichte, die mir eine inzwischen promovierte Biologin erzählte, ist: »Meeeine Güte! Frauen haben Sorgen!« Doch es geht hier gar nicht um den Kaffee. Es geht um Rollenzuweisungen und den Versuch, die einzige Frau in der Runde ganz selbstverständlich in die klassische Fürsorgerolle zu drängen. Und es geht um eine Tätigkeit, die man normalerweise abwechselnd erledigt oder an eine Hilfskraft delegiert. Wer immer den Kaffee kocht, akzeptiert die Aushilfsrolle und »darf« morgen vielleicht auch noch die Post holen und die Korrespondenz erledigen. »Jede Befolgung einer Regel stärkt sie, jede Nichtbefolgung schwächt sie,« schreibt die Psychologin Doris Krumpholz in ihrem klugen Buch *Einsame Spitze: Frauen in Organisationen*.[82] Will sagen: Wer sich einmal in eine Rolle drängen lässt, wird sie so schnell nicht mehr los. Das zeigt auch das folgende Erlebnis einer Betriebswirtin, die in der Marketingabteilung eines großen Unternehmens für ein Schlüsselprodukt zuständig ist:

»In der zweiten Woche kam mir mein Vorgesetzter auf dem Flur entgegen, diverse Papiere in der Hand: ›Ach, Frau …, ich hab es eilig. Könnten Sie mir das bitte kopieren?‹ Ich dachte erst, ich hätte mich verhört, aber er streckte mir tatsächlich seine Kladden entgegen. Ich habe freundlich gelächelt und gesagt: ›Das kann doch sicher Ihre Sekretärin für Sie erledigen.‹ – ›Aber das sind doch nur ein paar Seiten.‹ – ›Ja, Ihre Sekretärin macht das sicher gern.‹ – ›Aber die Frau M. [meine Vorgängerin] hat das auch immer gemacht!‹ –

›*Mag sein, aber ich denke, das ist Aufgabe Ihrer Sekretärin.*‹ *Dann bin ich weitergegangen, mit Herzklopfen und feuchten Händen. Doch es hat sich gelohnt: Von solchen Ansinnen bleibe ich seitdem verschont.*«

Wenn Sie das jetzt »zickig« finden, lesen Sie bitte Kapitel 23 (Du bist »zickig«? Na und?). Dieses Wort fällt gern, wenn frau nicht tut, was andere (in der Regel zu deren Vorteil) von ihr möchten. Und da kaum eine Frau »zickig« sein möchte, erfüllt der Vorwurf meist seinen manipulativen Zweck. Wie ungerecht er ist, wird deutlich, wenn Sie sich einen kurzen Moment vorstellen, ob ein neuer männlicher Kollege auch zum Kaffeekochen verdonnert oder zum Kopieren geschickt worden wäre. In vermeintlich harmlosen Bemerkungen, die Frauen auf traditionell weibliche Tugenden festlegen, schwingt oft ein verächtlicher Unterton mit. Beispiele meiner Seminarteilnehmerinnen:

»*Ach, wenn du schon mal da stehst, kannst du ja gleich für uns einen Kaffee kochen.*« (Die Situation: Frau steht mit drei Kollegen in der Kaffee-Ecke.)

»*Sie haben Fragen zur Glasreinigung? Wenden Sie sich bitte an Frau N., die kennt sich als Frau besser damit aus.*« (Die Situation: Eine Architektin steht mit einem Kollegen und dem Kunden auf der Baustelle.)

»*Frau O., die Rechnung geht doch vorn und hinten nicht auf. Sie kennen doch auch die Milchpreise, oder?*« (Die Situation: Eine Konferenz mit nur Männern. In einer kleineren Runde wird über ein Thema diskutiert).

Es geht bei solchen »Kleinigkeiten« immer um irgendwelche subalternen Fähigkeiten oder Aufgaben. Wirklich harmlos wären sie nur dann, wenn Männer genauso oft auch sagen würden:

»*Ach, wo du schon mal da bist, könntest du doch auch unsere Ergebnisse beim Vorstand präsentieren.*«

»*Sie haben Fragen zum Brandschutz? Wenden Sie sich bitte an Frau N., die kennt sich besser damit aus.*«

»*Frau …, die Rechnung geht doch vorn und hinten nicht auf. Sie wissen doch, welche Zusatzkosten Großprojekte produzieren, oder?*«

Wenn Ihnen auf verbale Machtspielchen à la »Als Frau müssten Sie doch wissen …« etwas Schlagfertiges einfällt, kontern Sie unverblümt. Gute Dienste erweisen Formeln wie »*Nö, für Milch (fürs Putzen, für XY) ist bei uns mein Mann zuständig*« oder ein ironisches »*Kaffee? Keine Ahnung, wie das geht*«. Auch ein freundlich-gelassenes »*Mein lieber Herr …, auf diesem Ohr bin ich taub*« wirkt meistens. Und wie schon einmal erwähnt: Ich empfehle, sich für solche in Männerohren gewöhnungsbedürftige Äußerungen eine ganz unaufgeregte Intonation zuzulegen, etwa der Art, in der man beim Blick aus dem Fenster sagen würde: »Es gibt wohl Regen …«. Und wenn Mann sich nicht leicht abwimmeln lässt wie im Fall der eiligen Kopien oben: Stoisch wiederholen, was frau bereits gesagt hat. Notfalls auch dreimal, wenn's nicht anders geht.

 Der Trainingspartner:
»Frau muss ja nicht über jedes Stöckchen springen, das Mann ihr hinhält. Oder?«

29. Grenzverletzungen

Wenn ein Staat die Grenzen eines anderen verletzt, führt das zu schwerwiegenden diplomatischen Verwicklungen, bis hin zu Kriegen. Die Verletzung der territorialen Integrität ist weltweit geächtet, betroffene Staaten wehren sich energisch und sofort. Auch im zwischenmenschlichen Umgang kommt es gelegentlich zu Grenzverletzungen. Spätestens dann, wenn die Würde, die persönliche Integrität des anderen verletzt wurde, ist eine rote Linie überschritten. Beispiele aus der Praxis:

>»*Ein Vorgesetzter sagt mir ins Gesicht, dass ich keine Befähigung zur Ausübung des Berufs habe.*«
>»*Ein Vorgesetzter weist mich vor anderen Kollegen scharf zurecht und lässt mir keine Möglichkeit, mich zu rechtfertigen.*«
>»*Ein Vorgesetzter weist mich an, etwas in seinem Namen/Auftrag zu tun. Im Nachhinein werde ich vorgeschoben, als sich dies als falsch herausstellt.*«

Das Vertrackte: Während geografische Grenzen mit Schlagbäumen oder Schildern markiert sind, müssen wir persönliche Grenzen selbst setzen und im Ernstfall auch verteidigen. Natürlich gibt es Grauzonen, bei denen man das Gegenüber eher ungewollt vor den Kopf stößt. Aber es gibt auch viele eindeutige Fälle. Sie alle ahnen vermutlich, was sich hinter den gerade zitierten diplomatischen Schilderungen meiner Klientinnen verbirgt, verbale Entgleisungen von »Klippschulniveau« bis »dusselige Kuh«, tobende Choleriker und kühle Tyrannen, die ihre Mitarbeiter und Mitarbeiterinnen gezielt in Angst und Schrecken versetzen. Was tun? Wer jemals einen cholerischen Chef oder eine solche Chefin hatte, weiß, dass diese Menschen Lieblingsopfer haben. Sie kühlen ihr Mütchen mit Vorliebe an bestimmten Personen und lassen andere in Ruhe. Außer bei Psychopathen, die es zweifellos auch auf der Chefetage gibt,[83] gilt: Wer rechtzeitig die Stirn bietet und Grenzen setzt, wird weitgehend verschont.

Konkret bedeutet das, dem Grenzverletzer klar und deutlich zu verstehen zu geben, dass frau dieses Verhalten nicht hinnimmt. In der Hitze des Gefechts ist das meist schwierig. Bewahren Sie zumindest äußerlich Ruhe und nehmen Sie den Betroffenen bei nächster Gelegenheit beiseite: »Sie haben mich gestern vor versammelter Mannschaft unsachlich angegriffen und persönlich beleidigt. Ich bin nicht bereit, ein solches Verhalten hinzunehmen.« Spielt Ihr Gegenüber den Vorfall herunter (von »Nun stellen Sie sich mal nicht so an« bis »So war das gar nicht gemeint«), drohen Sie knapp mit einer Beschwerde beim Betriebsrat oder beim Vorgesetzten. Je weniger Worte Sie machen, desto glaubhafter wirken Sie (→ 3. Sag in drei Sätzen, wofür du früher zehn gebraucht hast). Wer auf eine Grenzverletzung nicht reagiert, lädt zu weiteren Übergriffen ein. Also: Sagen Sie Ihrem Chef/Ihrer Chefin in aller Deutlichkeit, dass Sie sich nicht pauschal beleidigen oder zum Sündenbock stempeln lassen. Dasselbe gilt für Grenzverletzungen von Kollegen oder Mitarbeitern. Sexuelle Übergriffe fallen ebenfalls in diesen Bereich und erfordern unmittelbare energische Gegenwehr (→ 24. Vom Umgang mit Testosterongesteuerten).

Auch im Privatleben tun sich viele Frauen schwer, Grenzen zu setzen, denn das bedeutet, sich selbst und die eigenen Bedürfnisse wichtig genug zu nehmen, um auch mal Nein zu sagen. Frauen lassen sich das Weihnachtsmenü für die gesamte Verwandtschaft aufhalsen, obwohl sie schon vor den Feiertagen total erschöpft sind. Sie übernehmen die Pflege der Schwiegereltern, obwohl die jahrelang kein gutes Haar an ihnen ließen. Sie lassen sich vom Partner öffentlich abkanzeln und lächeln bemüht, weil sie kein Aufsehen erregen wollen. Je schwerer es Ihnen zu Hause fällt, Ihre eigenen Interessen zu vertreten – vielleicht, weil Ihr Selbstwert aufgrund familiärer Vorbilder und Ihrer Erziehung auf wackeligen Beinen steht –, desto schwerer werden Sie sich vermutlich auch im Beruf damit tun. Suchen Sie sich einen Coach, der Sie stärkt und mit Ihnen konkrete Verhaltensmöglichkeiten durchspielt, wenn Sie feststellen, dass Sie es allein nicht schaffen!

 Der Trainingspartner:
»Wo ein Mann einfach sagt: »Nee, is nich'!«, macht eine Frau viele Worte und Ausflüchte und lässt sich am Ende häufig doch breitschlagen.«

»Definieren Sie Ihre Grenzen und machen Sie Ihrem Umfeld unmissverständlich klar, wo Sie sie ziehen. Männer tun das automatisch – zumindest jene Alphatiere, die mit anderen umspringen, wie sie wollen.«

30. Der Vaterreflex und sein Nutzen (Mentoren)

Es war einmal eine eher unauffällige junge Frau. Sie lebte in einem Land, das seine Bewohner gängelte und ihnen nicht viel Freiheit ließ, und studierte ein Fach, in dem sie der Staat möglichst wenig behelligte. Eines Tages öffneten sich überraschend die Grenzen und der Frau stand plötzlich die Welt offen. Das erste Mal in ihrem Leben schloss sie sich einer politischen Gruppierung an, übernahm Aufgaben, wurde mit einem ersten Amt betraut. Schließlich ging die Gruppierung in einer großen Partei auf. Deren Vorsitzendem, einem lauten, dröhnenden Mann, fiel die zielstrebige junge Frau auf. Er nahm sie unter seine Fittiche und förderte »das Mädchen«. Dass andere sich über sie lustig machten, störte ihn nicht. Spott war er selbst gewohnt. Als er die Wahl gewann, wurde die Frau Ministerin. Nach der nächsten gewonnenen Wahl bot er ihr ein anderes, angeseheneres Ministeramt an. Die junge Frau übernahm weitere Parteiämter, gegen erhebliche Widerstände und Intrigen etlicher männlicher Konkurrenten. Schließlich entmachtete sie sogar ihren Förderer, als der in fragwürdige Geschäfte verwickelt war. Heute gilt sie als mächtigste Frau Europas und als Nummer eins unter den Regierenden – Männern wie Frauen.

Sie haben es natürlich längst erraten: Die Rede ist von Angela Merkel. Ohne Helmut Kohl wäre ihr Aufstieg sehr wahrscheinlich nicht so rasant verlaufen. Ein guter Mentor kann ein enormer Karrierebeschleuniger sein. Aber auch in anderer Hinsicht ist der Fall Merkel prototypisch. Während ihre gleichaltrigen Kollegen und »Parteifreunde« sie zum Teil verbissen bekämpften, war ihr Förderer weitaus älter, profilierter und nicht mehr in die Rudelkämpfe niedriger Chargen involviert. Mit dem Rückenwind von Kohl und mit Zielstrebigkeit, Zähigkeit und Machtinstinkt schaffte es Merkel an die Spitze, obwohl der »Andenpakt« um Roland Koch, Friedrich Merz, Christian Wulff, Peter Müller und andere[84] bis zum Schluss überzeugt war, sie sei allenfalls eine Übergangslösung, ob als Parteivorsitzende, Fraktionsvorsitzende oder als Kanzlerkandidatin.

Viele erfolgreiche Menschen, Frauen wie Männer, haben von mächtigen Mentoren profitiert. Der Chef des Springer-Konzerns, Mathias Döpfner, wurde von Unternehmenspatriarchin Friede Springer gefördert, Siemens-Chef Klaus Kleinfeld von Senior Heinrich von Pierer, Telekom-Chef René Obermann von Klaus Zumwinkel. Und Lena Meyer-Landrut wäre ohne den einflussreichen Medienprofi Stefan Raab heute vermutlich eine unbekannte Abiturientin aus Hannover. Der Vorteil männlicher Mentoren: Sie kennen die Spielregeln der Männerwelt und können leichter Kontakte zu Kreisen herstellen, in denen Frauen noch nicht selbstverständlich sind (→ 18. Lieber Golfplatz als Kaffeekränzchen). In Unternehmen trifft man häufig auf erfahrene Topmanager, die sich für begabte Mitarbeiterinnen begeistern (→ Beispiele finden Sie in den Kapiteln 20 und 22). An Universitäten fördern oft langjährige Lehrstuhlinhaber den weiblichen Nachwuchs, weniger ihre jüngeren Kollegen. Im Klartext: Ein Ü55 ist häufig hilfreicher für Sie als ein Ü35. Wo ein jüngerer Mann Sie noch als Karrierekonkurrentin beargwöhnt, sonnt sich der ältere in der Rolle Ihres uneigennützigen Förderers. Die älteren Männer haben einen anderen Blick, und sei es nur, weil ihnen ihre erwachsenen Töchter von den Fallen berichten, in die Frauen im Berufsleben stolpern.

Was ein männlicher Mentor bei allen Vorteilen nicht kann: Ihnen als direktes Vorbild und Rollenmodell dienen. Auch hier ist Angela Merkel ein schönes Beispiel. Als sie zur Bundeskanzlerin aufstieg, hatte sie gleich ein ganzes Team mächtiger Beraterinnen im Hintergrund: die Unternehmerin Friede Springer, die Polittalkerin Sabine Christiansen, die *Welt*-Journalistin Inga Griese sowie die Eventmanagerin und Grande Dame der Berliner Society Isa von Hardenberg. Einen Reporter des *Sterns* gruselte es fast ein wenig, als dieses Quartett Merkels Vereidigung zur Bundeskanzlerin 2005 sichtlich gut gelaunt auf der Tribüne des Bundestages verfolgte.[85] Merkels optischer Wandel vom »Mädchen« zur ersten Frau im Staate hat sicher auch mit diesen Beraterinnen zu tun. Um es von der Ebene der großen Politik noch einmal auf den Alltag herunterzubrechen: Ein Mentor wie auch eine Mentorin wird Ihnen strategische Tipps geben und Sie ermutigen. Aber wie Sie sich als Frau in einer Männerwelt bewegen, wie Sie mit Interessenkonflikten zwischen Beruf und Familie klarkommen, wie Sie mit hinderlichen weiblichen Glaubenssätzen und männlichen Vorurteilen umgehen und noch vieles mehr – all das können Sie eher mit einer Mentorin diskutieren einfach weil sie als Frau weiß, wie sich das anfühlt. Im Idealfall suchen Sie also den Austausch mit Mentoren beiderlei Geschlechts.

Wie gewinnen Sie eine Mentorin oder einen Mentor? Dazu gibt Facebook-Managerin Sheryl Sandberg den entscheidenden Hinweis: Es gelte nicht »Such dir einen Mentor und du wirst Hervorragendes leisten«, sondern umgekehrt: »Leiste Hervorragendes und du wirst einen Mentor finden.«[86] Große Unternehmen unterstützen diesen Prozess häufig durch institutionalisierte Mentoring-Programme, auch im Austausch mit anderen Firmen (»Cross Mentoring«). Halten Sie also die Augen offen. Und achten Sie darauf, dass Ihre Leistung anderen ins Auge fällt.

 Der Trainingspartner:
»Hinter jedem erfolgreichen Mann steht bis heute oft eine starke Frau. Wer steht hinter Ihnen?«

31. Abwarten und Tee trinken statt aufregen und grübeln

Auf einer Veranstaltung kam ich mit einem Bauleiter ins Gespräch, der im Tiefbau für Großprojekte verantwortlich war. Irgendwann tauschten wir uns über unsere Berufe aus. Der Bauleiter erzählte folgende Anekdote: Die Erdarbeiten für ein Autobahnteilstück hatten bereits begonnen, als Umweltschützer Alarm schlugen. Eine streng geschützte Vogelart, ein Bodenbrüter, hatte Nester auf dem Gelände gebaut. Es drohte ein mehrwöchiger Baustopp, der das Unternehmen Millionen gekostet hätte – und das bei einem Auftrag, der ohnehin knapp kalkuliert war. »Und, was haben Sie gemacht?«, wollte ich wissen. »Erst mal nichts.« Ich schaute ungläubig. »Na ja«, entgegnete mein Gegenüber, »mein Polier meinte ja auch, ob nicht vielleicht einer der Baggerfahrer ganz aus Versehen … Aber ehe es wirklich ernst wurde, hatte ein Raubvogel das Problem für uns erledigt.« – »Da haben Sie aber Glück gehabt!«, sagte ich. Der Bauleiter stimmte mir zu: »Ja. Aber Sorgen kann man sich immer noch machen, wenn es so weit ist.«

Können Sie sich vorstellen, dass eine Frau eine derart stoische Gelassenheit an den Tag legt und erst mal abwartet? Wir Frauen sind Weltmeisterinnen im Grübeln. Was wäre, wenn …? Wenn das wichtige Projekt schiefgeht? Wenn der Vorstand die Entfristung der Stelle nicht bewilligt? Wenn das neue Produkt nicht einschlägt? Wenn die Elternzeitvertretung beim Chef oder bei der Chefin besser ankommt als Sie selbst? Wenn frau sich gerade jetzt die Grippe einfängt? Wenn die neue Führungskraft einen nicht mag? Wenn, wenn, wenn … Gelegenheiten zum Sorgenmachen gibt es täglich neue. Ein hoher Anspruch an sich selbst, die immer noch gängige Mehrfachbelastung, bei der Frau sich für Job, Familie und Haushalt zuständig fühlt und Mann fürs Auto und fürs Getränkekaufen, noch dazu feine Antennen für die Gefühle und Nöte anderer – all das bietet beste Voraussetzungen fürs Sorgen. Wir alle wünschen uns Nervenstärke und Gelassenheit, doch Ratschläge, »sich doch nicht so aufzuregen« oder »doch erst mal abzuwarten«, helfen wenig. Kein Wunder, dass eine Topmanagerin (Personalvorstand bei einem Maschinenbauer mit 4.000 Mitarbeitern) mir auf die Frage, wie sie ihren Alltag bewältigt, einmal sagte: »Ich habe die Fähigkeit, jederzeit tief und fest zu schlafen, egal was gerade im Unternehmen los ist, und dann am nächsten Morgen ausgeruht zu starten.« Beim Abschalten hilft, den Arbeitsweg bewusst dazu zu nutzen, Bürosorgen ad acta zu legen, beispielsweise durch die Lieblingsmusik, ein Hörbuch oder einen flotten Spaziergang statt der U-Bahn. Was garantiert nicht hilft, ist Folgendes:

Elf Tipps, das Sorgenmachen zu perfektionieren
[Achtung: Ironie!]

1. Machen Sie sich ganz viele Gedanken, aber überprüfen Sie niemals, ob Ihre Sorgen zu Recht bestehen. So fragen Sie Ihren Chef auf keinen Fall, ob es Aufgaben gab, die Ihre Elternzeitvertretung tatsächlich besser erledigt hat als Sie. Denken Sie lieber lange darüber nach, ob sein »Guten Morgen« am Montag nicht doch etwas barsch klang.
2. Verschwenden Sie keinen Gedanken auf alles, das Ihnen täglich glückt, und all die Erfolge, die Sie im Laufe des Jah-

res zu verzeichnen hatten. Nehmen Sie das als selbstverständlich hin. Nur so können Sie sich voll auf die wenigen Dinge konzentrieren, die Ihnen danebengehen.

3. Umgeben Sie sich vorwiegend mit Menschen, die sich ebenfalls gerne Sorgen machen. Notorische Schwarzmaler beiderlei Geschlechts vom Typus »Ich hab dir ja schon immer gesagt, das klappt nie« sind ideal. Notfalls tun es auch Bekannte, die Sie mit der Jammerei über die eigene Misere bei schlechter Laune halten und darin bestärken, dass das Leben schwierig ist.

4. Vermeiden Sie Bewegung. Das könnte die Stresshormone in Ihrem Körper reduzieren und dazu führen, dass Sie sich besser fühlen. Selbst einen flotten Spaziergang in der Mittagspause sollten Sie unbedingt vermeiden.

5. Ernähren Sie sich möglichst ungesund, trinken Sie wenig, und wenn doch, dann am besten abends und am besten Alkohol. Der sorgt zuverlässig für unruhigen Schlaf.

6. Beenden Sie Ihren Tag mit einem Nachrichtenmagazin, damit Sie genügend Bilder von Selbstmordattentaten und Kriegsschauplätzen im Kopf haben, wenn Sie zu Bett gehen. Auch ein brutaler Kriminalfilm erfüllt seinen Zweck. Meiden Sie alles, was heiter, positiv und entspannend ist.

7. Probieren Sie auf keinen Fall Entspannungstechniken (autogenes Training, Yoga, progressive Muskelentspannung) aus. Sie haben schließlich Wichtigeres zu tun, als sich um Ihre Gesundheit zu kümmern.

8. Achten Sie darauf, dass Ihre Gedanken ständig um die Arbeit kreisen können. Ein Hobby, bei dem Sie sich gut entspannen, wäre beispielsweise sehr hinderlich. Auch der

Austausch mit Menschen, die nicht aus Ihrem Arbeitsum-
feld stammen, gefährdet das Grübeln.

9. Lassen Sie sich beliebig viel Arbeit aufhalsen und entlassen
Sie Ihren Partner aus der Verantwortung für Kinder, Haushalt und Familie. Hetzen Sie durch Ihre Tage und besuchen
Sie am Wochenende Ihre Mutter, um sich Vorhaltungen an-
zuhören, dass Sie sich so selten blicken lassen.

10. Legen Sie sich ein Smartphone zu und seien Sie ständig an-
sprechbar, auch im Urlaub. Der sollte übrigens nie länger
als 14 Tage sein, sonst besteht die Gefahr, dass Sie sich wirklich erholen.

11. Wenn es aktuell partout nichts zu sorgen gibt, sorgen Sie
sich eben über die Zukunft. Hoffentlich kommt Ihr Kind
später in der Schule klar. Hoffentlich gibt es Ihre Firma
auch in fünf Jahren noch. Und wer wird einmal Ihre Rente
finanzieren?

Im schlimmsten Fall blockieren fruchtlose Zukunftssorgen die
Zukunft, weil sie Frauen vor Herausforderungen zurückschre-
cken lassen – wie in dem Witz von dem kleinen Mädchen, das in
Tränen aufgelöst aus dem Kindergarten nach Hause kommt. Der
Grund: Sie will Astronautin werden, ihr Kindergartenfreund
ebenfalls. »Wo ist das Problem?«, will die Mutter wissen. »Ja, wer
passt denn dann auf die Kinder auf, wenn wir beide durch den
Weltraum fliegen!?«[87] Probleme packt man am besten an, wenn
sie da sind. Manchmal hilft es, sich zu vergegenwärtigen, wie viele
der Sorgen, die man sich im Laufe seines Lebens gemacht hat,
tatsächlich eintrafen. Und noch ein letzter Hinweis: Lassen Sie
sich nicht davon täuschen, wenn Sie im Beruf von Menschen um-

geben sind, die sich anscheinend von nichts erschüttern lassen. Management-Guru Fredmund Malik berichtet in seinem Bestseller *Führen, Leisten, Leben* von »einem der bekanntesten Topmanager des deutschsprachigen Raumes«, der ihm bei einem Abendessen gesagt habe: »Wissen Sie, ich musste im Laufe meines Lebens einfach lernen, aus den höchstens zehn Prozent Erfolgserlebnissen, die ich am Tag habe, so viel innere Kraft zu schöpfen, dass ich die 90 Prozent Mist, die täglich passieren, ertragen kann.«[88] Mag sein, dass manche Menschen mit einer Elefantenhaut ausgerüstet sind. Die meisten müssen mehr oder weniger stark um ihr seelisches Gleichgewicht ringen. Malik selbst schwört dabei übrigens auf autogenes Training. Auch Gurus brauchen offenbar eine Anti-Grübel-Strategie![89]

 Der Trainingspartner:
»Frauen setzen sich permanent unter hohen eigenen Erwartungsdruck und denken, alle anderen würden genauso messen. Es geht nicht immer um Leben und Tod, und vieles löst sich durch Abwarten von selbst.«

32. Licht aus. Spot an! (Den Auftritt genießen)

In meinen Seminaren mache ich eine Übung, die die Teilnehmerinnen immer wieder verblüfft: Eine Frau soll eine kurze Rede halten, für die ich sie vor dem Seminarraum briefe. Tenor: »Die Frauen sind skeptisch, sie mögen dich nicht besonders.« Die Teilnehmerin redet und verlässt den Raum wieder. Gleich anschließend soll sie ein zweites Mal reden. Dieses Mal briefe ich die Frau bewusst posi-

tiv: »Du hast super überzeugt, dein Publikum freut sich schon auf dich!« Beide Vorabinformationen sind völlig aus der Luft gegriffen, und doch sind die Unterschiede im Auftritt jedes Mal frappierend. Beim zweiten Mal ist die Rednerin souveräner, energischer, humorvoller, und die Teilnehmerinnen sind tatsächlich begeistert: »Das war ja total anders!« Die Fachkompetenz war in beiden Fällen da, aber die Ausstrahlung unterschied sich gravierend.

Die Übung macht erlebbar, was viele Erfolgstrainer predigen: Es ist die Haltung, die entscheidet! Das bedeutet natürlich nicht, dass mit der richtigen Einstellung alles gelingt. Auch mit einer Topeinstellung wird aus einer Frau von 1,58 Metern kein Mitglied der Basketballnationalmannschaft. Es ist eher der Effekt, den viele von uns vom Radfahren-Lernen kennen: Solange man glaubte, Mutter oder Vater stabilisierten uns noch mit der Hand am Gepäckträger, radelten wir souverän. Sobald wir einen Blick zurück riskierten und sie in weiter Ferne sahen, war es mit der Sicherheit vorbei und wir kamen ins Straucheln.

Stimmen Sie sich daher auf wichtige Auftritte positiv ein. Lampenfieber unterdrücken zu wollen bringt ohnehin nichts. Begrüßen Sie es und sehen Sie den positiven Aspekt: Solange es Sie nicht völlig überwältigt, hilft es Ihnen, wach und konzentriert zu sein. Parken Sie die Aufregung gedanklich in der letzten Reihe. Vergegenwärtigen Sie sich die positiven Aspekte der vor Ihnen stehenden Aufgabe: Es spricht für Ihre Kompetenz, dass man sie Ihnen übertragen hat. Man setzt Vertrauen in Sie. Man gibt Ihnen die Chance zu zeigen, was Sie können. Man freut sich auf Ihren Auftritt. Sie sind bestens vorbereitet. Heute Abend werden Sie sich für Ihren Erfolg belohnen.

Der Trainingspartner:
»Warum haben Frauen solche Angst vor Fehlern? Män-
ner machen ständig welche und gehen einfach darüber
hinweg. Fehler machen ist menschlich.«

33. Karriere beginnt am Küchentisch

Vor einiger Zeit kam ich beim Zahnarzt mit der dortigen Erstkraft
ins Gespräch. Die Frau organisiert die sehr gut laufende Praxis seit
Jahren erfolgreich, managt die Termine, macht die Dienstpläne und
Quartalsabrechnungen, verhandelt mit den Krankenkassen, leitet
ein Team von vier Arzthelferinnen an, stets freundlich und souve-
rän. An diesem Tag wirkte sie erschöpft und fahrig. Ich erkundigte
mich vorsichtig, ob es ihr gut gehe. »Ja, ja, schon«, so die Antwort.
»Ich bin nur etwas im Stress. Wir haben gebaut und jetzt ein großes
Haus, und im Sommer kommt auch noch der Garten dazu. Bei den
Arbeitszeiten hier bin ich oft erst um halb neun zu Hause und die
ganze Hausarbeit bleibt dann bis zum Wochenende liegen.« Ich er-
innerte mich, dass die Frau vor etwa zwei Jahren geheiratet hatte,
denn sie meldete sich irgendwann mit neuem Namen am Telefon.
Ob sie denn keine Hilfe habe? »Nein, das will mein Mann nicht.«

Preisfrage: Was ist die wichtigste Karriereentscheidung einer
Frau? Die richtige Berufsausbildung oder das richtige Studien-
fach? Der Berufseinstieg im richtigen Unternehmen? Auslands-
erfahrung? Bereitschaft, Führungsverantwortung zu übernehmen? Alles wichtig. Doch die allerwichtigste Karriereentscheidung
fällt auf dem Standesamt. Der Partner hat großen Einfluss auf den
Karriereverlauf einer Frau, und der Grund dafür ist ganz einfach:

Es ist schwierig, gleich an zwei Fronten auf einmal zu kämpfen. Die meisten Berufe sind so fordernd, dass frau daheim am Küchentisch einen Unterstützer braucht, keinen Pascha und erst recht keinen Gegner.

Männer, die sich in Haushalt und Familie gleichberechtigt engagieren, sind selten. 66 Prozent der Frauen wünschen sich mehr Unterstützung, ergab eine Studie des Instituts für Demoskopie Allensbach im Jahr 2013, aber 81 Prozent der 18- bis 44-jährigen Männer glauben auch heute noch, dass Frauen Arbeiten im Haushalt wie Bügeln einfach »besser erledigen«. Vielleicht kennen Sie das Phänomen: Männer können zwar eine beeindruckende Zahl von Bundesligaergebnissen, Schachpartien oder Smartphonefunktionen im Kopf behalten, aber wo die Waschmaschine angeht und welches Programm man nimmt, das ist einfach zu komplex.[90] Wenn das bei Ihnen zu Hause auch so ist, stehen Sie damit nicht allein da. Die weltbekannte Managementexpertin Rosabeth Moss Kanter, Professorin an der Harvard Business School, soll auf die Frage, was Männer tun könnten, damit mehr Frauen in Führung gehen, auf einer Konferenz einmal lapidar geantwortet haben: »die Wäsche«.[91] Die Topmanagerin Sheryl Sandberg widmet dem Thema Partnerschaft sogar ein ganzes Kapitel und rät: »Machen Sie Ihren Partner zu einem echten Partner«.[92] Und Unternehmensgründerin Tanja zu Waldeck, Mutter von vier Kindern im Alter von eins bis sechs, sagt: »Das alles funktioniert nur mit dem richtigen Partner an deiner Seite und mit einer guten Infrastruktur«.[93]

Idealerweise kann dieser Partner nicht nur Pausenbrote schmieren und die Wäsche sortieren, sondern er steht auch sonst hinter der Karriere seiner Partnerin. Da ist noch Luft nach oben. 2012 befragte die Hans-Böckler-Stiftung 5.000 Paare, wer wem beim beruflichen Vorankommen hilft. Das Ergebnis: Männer werden durch die Partnerin unterstützt, Frauen müssen sich diese Unterstützung vielfach außerhalb der Beziehung suchen – bei Freundinnen, Freunden, Familienmitgliedern und Bekannten. Mit Bildungsniveau und Einkommen der Frau steigt die Chance auf Unterstützung ihres beruflichen Wegs durch den Partner.[94] Dabei haben die meisten Männer gar nichts dagegen, dass ihre Frau »sich um den eigenen Unterhalt kümmert«, so das Ergebnis der Studie »Frauen auf dem Sprung« des infas Instituts für angewandte Sozialwissenschaft in Zusammenarbeit mit dem Wissenschaftszentrum Berlin für Sozialforschung (WZB) und der Frauenzeitschrift *Brigitte*. Dass Frauen finanziell auf eigenen Füßen stehen, befürworteten 2013 immerhin 76 Prozent der Männer, 2007 waren es erst 54 Prozent.[95] Männer sehen also durchaus die Vorteile, nicht mehr der klassische Familienernährer sein zu müssen, sind aber wenig geneigt, daraus Konsequenzen zu ziehen. Was Frauen ausbremst, ist oft der eigene Partner.

Genug der Zahlen. Vieles, was Sozialforscher ermitteln und Statistiker akribisch auszählen, werden Sie aus Ihrem persönlichen Umfeld ohnehin kennen. Zeit für ein wenig Selbstkritik. Was tun wir Frauen eigentlich dafür, dass sich unsere Lage ändert, außer zu seufzen, dass mal wieder alles an uns hängen bleibt? Was tun wir bei der Erziehung der Söhne (und Töchter!) zu mehr Gleichberechtigung? Was tun wir, um unsere Partner energischer in die Pflicht zu nehmen? Wenn es denn sein muss, auch durch regelmäßige Lagebesprechungen am Küchentisch, mit planmäßiger Aufgabenteilung und To-do-Liste für den Partner, der sich sonst gern mal drückt oder Dinge einfach vergisst, die ihm nicht so wichtig sind? Was tun wir, um uns von unserem Hausfrauen-Perfektionismus zu verabschieden? Hängt unser Lebensglück tatsächlich von gebügelter Bettwäsche und stets blitzsauberen Fenstern ab? Was tun wir, um uns professionell zu entlasten, indem wir Dienstleistungen dazukaufen, von der Putzhilfe bis zum Bügelservice? Und wann verabschieden wir uns selbst von tradierten Rollenbildern, die uns durch die Hintertür immer wieder einholen? So befürworten nur 48 Prozent der Frauen, dass ihr Partner für sie beruflich zurücksteckt, und 52 Prozent wünschen sich einen beruflich erfolgreichen Partner, ganz wie ihre Urgroßmütter, deren eigenes Wohl und Wehe immerhin noch völlig davon abhing, sich gut zu verheiraten.[96] Wenn wir ehrlich sind, gilt: Wie Frauen sollen auch Männer heute alles sein, toll im Job und engagiert in der Familie, beruflich erfolgreich und rechtzeitig zu Hause, um sich um die Kleinen zu kümmern. Das ist nicht einfach und wird noch schwieriger, wenn wir Machogehabe attraktiv finden und gleichzeitig hoffen, dass der Macho rechtzeitig zum Familienmenschen mutiert. Verabschieden wir uns von Dornröschenträumen und beginnen wir Partnerschaften auf Augenhöhe, mit allen anstrengenden Verhandlungen und täglichen Abstimmungen, die das erfordert!

 Der Trainingspartner:
   »Wenn frau nicht weiß, was sie will, und nicht klar Stellung bezieht, darf sie sich über das Ergebnis nicht beschweren.«

DIE SHOW GEHÖRT DAZU:
BESSER BMW ALS BAHNCARD

»Man muss die Welt nicht verstehen,
man muss sich nur darin zurechtfinden.«
Albert Einstein (Physiker und Nobelpreisträger)

»Wer immer tut, was er schon kann,
bleibt immer das, was er schon ist.«
Henry Ford (Unternehmensgründer und Milliardär)

Warum sind Chefbüros immer oben? Und riesig? Warum würde kein CEO ins Erdgeschoss ziehen? Warum gibt es in manchen Unternehmen penibel geführte Listen, ab welcher Position ein zweiter Besucherstuhl beansprucht werden kann oder gar eine eigene Sitzecke im Büro? Wenn es um Status geht, unterscheiden wir Menschen uns gar nicht so sehr von unseren tierischen Verwandten, die Artgenossen durch aufgeplusterte Federn, knallrote Kehlsäcke oder den besten Platz ganz oben auf dem Pavianhügel beeindrucken. Lächerlich, da stehen Sie drüber? Vielleicht beim Besucherstuhl oder der Sitzecke, aber wie ist es beim neuesten Tablet oder dem angesagten Urlaubziel? Machen wir uns nichts vor: Alle Menschen sind statusorientiert, sogar der Umweltaktivist, der auch äußerlich deutlich macht, dass er sich dem Rest der Menschheit moralisch überlegen fühlt. Sie ahnen es vermutlich: Auch die Statusregeln in Unternehmen sind männlich geprägt. Und selbst wenn Sie über den Kleinkrieg um Fensterfläche und Dienstwagen-PS heimlich schmunzeln: Wollen Sie sich das Leben nicht unnötig schwer machen, spielen Sie am besten mit.

34. Besser BMW als Bahncard (Statussymbole)

Unvergesslich ist mir eine Führungskräfte-Weiterbildung, bei der ich für inhaltliche Fragen wie Mitarbeiterkommunikation, Delegation und Organisation verantwortlich war, um anschließend den Staffelstab an eine Stilberaterin zu übergeben. Die hielt sich gar nicht erst lange mit der Theorie auf, sondern ließ drei Musterkoffer beträchtlicher Größe in den Seminarraum schaffen. Im ersten Koffer befanden sich teure Brillen, im zweiten exklusive Uhren, der dritte war voller hochwertiger Seidenkrawatten. Die Stilexpertin beriet jeden einzelnen Teilnehmer (ausnahmslos Männer). Jeder, wirklich jeder, erstand teure Accessoires und wurde mit der Botschaft entlassen: »Jetzt sehen Sie aus wie der Chef!« Mir war diese Verkaufsveranstaltung suspekt, aber was soll ich sagen: Die Frau hatte recht. Das passende Outfit veränderte die Haltung, die Herren strafften den Rücken und reckten das Kinn.

Kleider machen Leute, wie auch Romantikerinnen spätestens seit dem Erfolgsfilm *Pretty Woman* wissen, in dem sich Julia Roberts durch einen Einkaufsbummel von der Straßenhure zur High-Society-Lady verwandelt. Das gilt nicht nur in Hollywood, sondern genauso im Alltag. Eine Medizinerin aus einer renommierten Forschungseinrichtung, Anfang 30, zierlich und feminin, mit halblangen Haaren, klagte darüber, sie werde in ihrer Rolle als Laborleiterin nicht ernst genommen. Das lag sicher auch an ihrem studentischen Outfit: Jeans, Pulli, flache Schuhe. Seit sie zu Meetings auf meinen Rat hin konsequent im weißen Kittel erscheint sowie mit einem Namensschild, auf dem ihr Doktortitel deutlich zu lesen ist, hat sich das geändert. Außerdem hat sie Collegeblock und Plastikkuli durch eine teure Ledermappe mit Edelkugelschreiber ersetzt.

Kleidung demonstriert Status, also Stellung und Einfluss innerhalb der Gesellschaft. Das funktioniert von den Kleidervorschriften des Mittelalters bis zu den Luxusmarken von heute. Auch der berechtigte Hinweis, sich für die Position zu kleiden, die man anstrebt, und nicht für die, die man noch innehat, wurzelt hier. Neben dem Outfit, zu dem auch hochwertige Schuhe, dezenter echter Schmuck und die passenden Taschen gehören, ist im Unternehmen vor allem die Größe und Lage des eigenen Büros ein wichtiges Statusmerkmal. Meist gilt die simple Regel: Je mehr Quadratmeter und Fensterfläche, desto wichtiger der Inhaber. Beim Dienstwagen ist es die Wagenklasse, die entscheidet. Auch der persönliche Parkplatz in der Nähe des Haupteingangs ist ein untrügliches Indiz für den Rang des Fahrenden. Es ist also nichts Ungewöhnliches, wenn sich vor einer Klinik die Reihe der Parkplatzschilder liest wie ein Organigramm, mit dem Klinikdirektor ganz vorne beim Eingang, gefolgt von Chefärzten, Oberärzten und schließlich der Pflegedienstleitung. Je nach Blickwinkel kann frau solche Statusspiele banal finden und verachten – oder, im Gegenteil, wohltuend simpel und daher leicht anwendbar. Es ehrt

Sie, wenn Sie auf innere Werte pochen. Aber es spricht für Ihre Klugheit, wenn Sie die »primitiven« Statussignale trotzdem ganz selbstverständlich einsetzen.

2013 ergab eine repräsentative Befragung von 2.000 Personen ab 14 Jahren übrigens, dass das Auto allen Unkenrufen zum Trotz immer noch das beliebteste Statussymbol ist (für 48 Prozent aller Befragten). Smartphone, Tablet oder Computer folgen mit deutlichem Abstand auf Platz 2 (16 Prozent).[97] Der BMW vor dem Firmentor ist also tatsächlich ratsamer als die Bahncard im Portemonnaie. Bei einer Podiumsdiskussion über die Rolle von Frauen in der Medienbranche entspann sich hierüber eine erbitterte Diskussion zwischen einer Projektmanagerin, die auf ihrem ökologischen Bewusstsein und damit auf einer Bahncard bestand, und einer konsternierten Karriereberaterin, die genau das als kurzsichtig kritisierte: »Wenn die anderen Führungskräfte im Unternehmen einen Dienstwagen fahren, haben Sie damit sofort den Stempel der Ökotussi weg.« Sicher ist: Was als Statussymbol zählt, definiert frau nicht selbst. Das definiert die Gruppe, zu der frau gehören möchte. In intellektuellen Kreisen im Großstadtmilieu zählt da anderes als in der Führungsetage eines Maschinenbauers. Wenn Sie zum Treffen des örtlichen Grünen-Verbandes mit dem Fahrrad kommen, gibt das Statuspunkte, radeln Sie dagegen zum Termin mit einem wichtigen Kunden, kostet Sie das genau solche Punkte.

Reklamieren Sie die in Ihrem Firmenumfeld angesagten Statussymbole also ganz selbstverständlich für sich, ohne viel Aufhebens darum zu machen, aber auch ohne falsche Bescheidenheit. Lassen Sie sich nicht mit weniger abspeisen als Ihre männlichen Kollegen, etwa mit dem Argument: »Für Sie als Frau ist ein A3 doch viel leichter zu handhaben als der große Audi.« Kein Scherz, dieser Satz fiel in der Vertragsverhandlung mit einer potenziellen Geschäftsführerin tatsächlich. Mit solchen Ansinnen testen Männer gleich mal, ob Sie vorhaben, ihnen künftig auf Augenhöhe zu begegnen.

Doch Status lässt sich nicht nur am schicken Auto, am ledernen Bürostuhl oder an der teuren Uhr ablesen: Er ergibt sich auch aus Ihrem Auftreten, Ihren Projekten und Kontakten – von Ihnen vielleicht unbemerkt, aber für das berufliche Umfeld deutlich wahrnehmbar. Je höher Sie auf der Hierarchieleiter nach oben klettern, desto weniger werden Sie an Ihrem Können gemessen, sondern an Einfluss, Beziehungen und Macht – eben an Ihrem Status. Geht etwa Ihr Kollege häufig mit seinem Vorgesetzten zum Mittagessen, erscheint er anderen durch seine guten Kontakte nach oben einflussreicher. Frauen dagegen, das haben Studien gezeigt, vernetzen sich oft mit hierarchisch gleich oder niedriger gestellten Personen. Und so brutal das auch klingen mag: Damit schaden sie ihrem Status und ihrem Einfluss im Beruf.

Woran liegt es, dass Statusdemonstrationen für viele Männer ganz selbstverständlich sind, von vielen Frauen dagegen als überflüssig oder sogar peinlich empfunden werden? Statusdenken und Wettbewerbsorientierung sind eng miteinander verbunden. Wer sich gern mit anderen misst, hat ein Interesse daran, seinen Status zu zeigen. Wer dagegen vor allem Wert auf ein harmonisches Miteinander legt, spielt Unterschiede lieber herunter, als sie zu betonen. Weiter oben (→ 17. »Das nächste Mal gewinne ich!« [Konflikte]) haben wir gesehen, dass sich schon Jungen und Mädchen in diesem Punkt deutlich voneinander unterscheiden.

So kommt es, dass Frauen sich kaum für Statusfragen interessieren. Männer dagegen kennen sich bestens aus. Anscheinend

instinktiv wissen sie, welche Projekte sie schneller nach oben führen und welche Tätigkeiten sie besser an andere delegieren.
Frauen suchen sich ihre Aufgaben eher nach Inhalt und Interesse
aus. Männer fahren auf prestigeträchtige Kongresse, während
Frauen nur die Termine wahrnehmen, die ihnen inhaltlich nützlich erscheinen. Das weibliche Verhalten führt nicht nur dazu,
dass sich der eigene Status nicht erhöht. Das Fatale ist: Er sinkt
sogar. Denn wer sich nicht um Chancen bemüht, mehr Einfluss
und Prestige zu gewinnen, der verliert in einem zumeist männlich geprägten Umfeld an Ansehen. Frauen spüren das, wissen
aber oft nicht, woran es liegt. Dabei ist es ganz einfach: Je höher
der Status, desto mehr Einfluss wird der betreffenden Person zu-
geschrieben und desto eher sind andere bereit, sich für Sie und
Ihre Ideen einzusetzen.

 Der Trainingspartner:
*»Mann zeigt, was er hat. Und wähnt sich überlegen,
wenn Frau da nicht mithält.«*

*»Es ist erstaunlich, wie leicht Frauen sich Projekte auf-
halsen lassen, die weder Ruhm noch Ehre einbringen.
Dackelblick, ›Ich dachte, wir sind ein Team?‹ oder ›Ohne
dich schaffe ich das nicht!‹ – und schon ist frau die Sache
los.«*

*»Eine Mitarbeiterin, die aussieht wie eine Praktikantin,
wird normalerweise nicht befördert.«*

35. So banal wie wirksam: Die Uga-uga-Nummer

»Bei einem Abteilungstreffen, bei dem alle Projektleiter ihre Ziele für 2013 präsentieren sollten, stellte ich konkrete Vorhaben vor (etwa eine effizientere Auftragsabwicklung) sowie die dafür geplanten Schritte (beispielsweise das Ausweiten der Funktionen der Datenbank). Ein anderer Projektleiter sagte, er wolle sein Labor zum größten weltweit machen. Meinen Vortrag fand mein Chef ›etwas schwach auf der Brust‹, den Vortrag meines Kollegen fand er toll. Für mich war meine Präsentation fundiert, und ich konnte am Ende des Jahres auch messen, ob ich meine Ziele erreicht habe. Ich möchte nicht reißerisch präsentieren, aber meine Selbstdarstellung muss ich wohl aufmöbeln …« Diese Schilderung einer Pharmamanagerin und Seminarteilnehmerin ist symptomatisch für die Selbstpräsentation von Frauen. Sich in die Brust zu werfen und wie das Affenmännchen »Uga-uga« zu trommeln, ist selten ihr Ding. Männer haben da weniger Skrupel: »*Damals, als Bangemann und ich den Euro eingeführt haben …*«, begann der Mitarbeiter eines Kunden seine Schilderung. Dem Vorgesetzten klappte die Kinnlade herunter. Was man wissen muss: Dieser Mitarbeiter war nicht etwa die rechte Hand des früheren EU-Kommissars gewesen, er hatte lediglich ein Praktikum bei der EU-Behörde gemacht und Herrn Bangemann vermutlich nur von ferne zu Gesicht bekommen. Männer schreiben eben gleich Geschichte, wo Frauen Protokolle schreiben.

Während ich über so viel Selbstüberschätzung noch lachen kann, verzweifle ich gelegentlich an der Zurückhaltung von Frauen. »Ich möchte nicht auftrumpfen«, »Ich möchte nicht arrogant wirken« sind typische Sorgen. Dieselben Frauen reagieren empört bis beleidigt, wenn sie nicht gesehen und wenn ihre Verdienste nicht anerkannt werden. Wie Dornröschen im Turmzimmer warten sie darauf, dass jemand sie entdeckt und würdigt. Doch die Prinzen haben heute Besseres zu tun, und zwischen der großen Pauke à la »Bangemann und ich« und dem Abtauchen hinter neuen Datenbankfunktionen ist noch Platz für viele Nuancen guten Selbstmarketings. Frauen überschätzen zudem häufig die Aufmerksamkeit und Interpretationsfreude ihrer Vorgesetzten. Wer viel um die Ohren hat, hat weder Lust noch Zeit zu graben und nachzuhaken, um auf die verborgenen Qualitäten einer Mitarbeiterin zu stoßen. Das gilt nicht nur für Chefs, sondern auch für Chefinnen: Carolin Eggers, mit Anfang 30 bei Microsoft auf der dritten Führungsebene angelangt, nennt »Eigene Erfolge vermarkten« in der *WirtschaftsWoche* als wichtigste Karrierestrategie für Frauen und erklärt auch, warum: »Mittlerweile stehe ich auf der anderen Seite und muss Teams für Kunden zusammenstellen. Dabei merke ich selbst, wie schwierig es manchmal ist, die Stärken des weiblichen Nachwuchses richtig einzuschätzen.«[98]

Kalkulieren Sie also den Zeitmangel und die Ungeduld Ihres Umfeldes mit ein, wenn Sie über sich und Ihre Arbeit sprechen. Auch beim Thema »Eigene Stärken und Erfolge« bewährt sich Klartext (→ 6. Klartext schafft Klarheit). Wir üben daher im Seminar, flüssig und pointiert darüber zu reden. Ich gebe Klientinnen schon mal die Hausaufgabe, im Büro in den nächsten vier Wochen jeden Tag mindestens einmal von sich zu berichten, und zwar positiv (!). Für viele Frauen ist das eine harte Prüfung, schon weil sie es nicht gewohnt sind. Wie ist es bei Ihnen? Wie sprechen Sie über Ihre Arbeit, Ihre Projekte, Ihre Vorhaben – nicht nur im

Job, sondern auch mit dem Partner, mit der Familie, mit Freundinnen? Reden Sie von Ihren Problemen oder berichten Sie von Ihren Erfolgen? Geht es um Ihre Sorgen oder um Ihre Pläne und Ziele?

Während Männer häufig Heldengeschichten austauschen, finden Frauen im Gespräch eher über Probleme zusammen. Der Vorteil der »Männerstrategie«: Wer über eigene Erfolge redet, ruft sie sich automatisch ins Bewusstsein – und das wiederum stärkt auch das Selbstbewusstsein. Viele Frauen hetzen von Aufgabe zu Aufgabe. Sie erledigen alles pflichtbewusst und kommen vor lauter Arbeit kaum dazu, selbst zu würdigen, was sie geleistet haben. Erfolge sollte frau feiern! Denn je stärker Sie sich selbst wertschätzen, je respektvoller Sie mit sich selbst umgehen, desto eher werden Sie Wertschätzung und Respekt von außen erfahren. Gleichzeitig sind Sie so weniger abhängig vom Lob anderer.

Mich irritiert es immer, wenn Frauen über die Zusammenarbeit mit einem Vorgesetzten, Kunden oder Geschäftspartner als Erstes berichten, wie freundlich und »nett« dieser sei. Für Männer ist das im Beruf im Allgemeinen kein großes Kriterium. Entscheidend ist vielmehr, was ihnen die Zusammenarbeit bringt. Wenn Sie sich als Frau zu abhängig vom Lob anderer machen, tappen Sie möglicherweise in eine böse Falle: Verweigert der Chef die verdiente Anerkennung, schuften manche Mitarbeiterinnen bis zum Umfallen, in der Hoffnung, sich endlich ein Lob zu verdienen. So geschehen bei der Leiterin eines Tagungshauses, die wir in jahrelanger sehr guter Zusammenarbeit ob ihres bescheidenen Auftretens für die Assistentin des Geschäftsführers gehalten hatten. Eines Tages meldete die 50-Jährige sich überraschend für das Durchbox-Training an und ihre wahre Funktion kam ans Licht. Als mir herausrutschte: »Ich dachte, Sie sind die Assistentin«, brach sie in Tränen aus: Die Auslastung des Hauses sei seit Jahren hervorragend, aber ihr Chef mäkele trotzdem ständig an ihr herum: »Nie ist es genug.« Sie schufte, aber »die große Show« liege ihr nicht.

Entwickeln Sie lieber selbst einen Blick für das, was Sie leisten. Führen Sie beispielsweise ein Erfolgstagebuch, in das Sie täglich eintragen, was Ihnen gut gelungen ist. Sprechen Sie das laut aus! So lernen Sie, positiv über sich zu reden. (Und das müssen nicht wenige Frauen tatsächlich erst lernen.) Flechten Sie unaufdringlich, aber bestimmt in jedes Gespräch ein, über welche Kompetenzen Sie verfügen und welche Erfolge Sie bereits erzielt haben. Nutzen Sie zum Beispiel die Gelegenheit, wenn Ihr Chef Sie fragt, wie es denn gerade bei Ihnen läuft. Statt sich in Details und Miniproblemen zu verzetteln, machen Sie ihn auf Ihre Meriten und Erfolge aufmerksam.

Wie offensiv Sie Ihre Erfolge im Unternehmen präsentieren, ob Sie auf die Pauke hauen müssen wie im Eingangsbeispiel oder ob es genügt, eine etwas leisere Trommel zu schlagen, hängt von der Unternehmenskultur und von Ihrem Gegenüber ab. Eine Projektleiterin, die längere Zeit im Unternehmen ist, sollte eigentlich wissen, ob ihr Chef auf große Visionen und blumige Absichtserklärungen abfährt oder ob er eher durch nüchterne Präzision und klare Ziele zu beeindrucken ist. Gehen Sie also strategisch vor und bereiten Sie sich gut auf die Schlüsselmomente vor, in denen es heißt: Flagge zeigen! Anregungen dazu finden Sie gleich im nächsten Kapitel.

Der Trainingspartner:
»Frauen wollen ständig ›entdeckt‹ werden und setzen voraus, dass Männer sehen, was in ihnen vorgeht, was sie leisten und was sie planen. Leider haben die meisten Männer keine Lust, sich auf eine mühsame Spurensuche zu begeben.«

»Solange es Frauen zu läppisch ist, ihre Verdienste und Leistungen deutlich zu proklamieren, dürfen Sie sich über die ›unverschämte‹ Männerwelt, die die Früchte vom Baum holt, nicht beklagen.«

36. Als ich neulich mit dem Vorstand essen war ...

Die Entwicklungspsychologin Doris Bischof-Köhler hat ein Standardwerk über geschlechtsspezifische Unterschiede geschrieben: *Von Natur aus anders* (2011). In einem Interview der Wochenzeitung *Die Zeit* sagte sie 2013, dass »die permanente Konkurrenzsituation evolutionsbiologisch auch bewirkt hat, dass Männer Spezialisten in der Selbstdarstellung, im Imponierverhalten sind. Aufgrund uralter wahrnehmungspsychologischer Gesetze erzeugt Aufsehen automatisch Ansehen, Beachtung führt zu Achtung. Imponieren suggeriert Bedeutsamkeit. Ein Rad schlagender Pfauenhahn macht mehr her als eine tarnfarbene Pfauenhenne.«[99] Frauen reagieren häufig allergisch, wenn sie sich angeblich »selbst verkaufen« sollen. Schon die Formulierung löst eine Gänsehaut aus und lässt an peinliche Selbstdarstellung, Gurkenhobelverkäufer im Kaufhauseingang, Marktschreier und ähnliche Zeitgenossen denken. Indem frau dieses Feindbild aufbaut, kann sie sich bequem zurücklehnen – *das* will sie schließlich aus guten Gründen nicht. Dabei geht es beim Marketing in eigener Sache gar nicht um hemmungslose Marktschreierei, sondern darum, Leistung und eigenen Einfluss sichtbar zu machen. Gut sind Sie ohnehin. Jetzt müssen Sie dafür sorgen, dass die anderen es auch mitbekommen! Zwischen Marktschreierei und Mauerblümchendasein gibt es unzählige Abstufungen. Einige Tipps, wie Sie auf sich aufmerksam machen:

- Achten Sie auf Ihre Körperhaltung: Schreiten Sie aufrecht, nehmen Sie Raum ein, machen Sie sich beim Sitzen nicht schmal.
- Gehen Sie ins Zentrum des Geschehens, ob im Meeting, ob in der Kantine, beim Stehempfang oder auf einer Konferenz. Ihr Platz ist nicht am Rand oder in einer der hinteren Reihen, sondern dort, wo man Sie sehen kann.
- Suchen Sie die Nähe der Mächtigen und Einflussreichen – deren Glanz färbt auf Sie ab. Stellen Sie ihnen interessierte Fragen. Damit haben Sie im Allgemeinen schon gewonnen, denn die allermeisten Menschen reden lieber selber, als anderen zuzuhören. Schon ein öffentlicher Handschlag mit einem Alphatier wird Ihre Kollegen und Kolleginnen beeindrucken und kann Ihrer Karriere mehr nutzen als monatelange Fleißarbeit.
- Treten Sie angesehenen Berufsverbänden und Klubs bei und übernehmen Sie dort eine Funktion, die Sie bekannt macht und durch die Sie nützliche Kontakte knüpfen. Sorgen Sie dafür, dass man(n) davon erfährt (»Beim letzten Treffen der Rotarier berichtete mir Doktor Schneider …«).

- Erzählen Sie von Kontakten und Arbeitserfahrungen, flechten Sie interessante Informationen ein. Auch wenn Sie das »bescheiden« in einen Nebensatz oder eine Nebenbemerkung verpacken, wird es seine Wirkung nicht verfehlen: »Als ich neulich mit dem Vorstand essen war, traf ich Kollege X …«. Oder: »Am Forschungsinstitut Y durfte ich mit Professor Z zusammenarbeiten, dem späteren Nobelpreisträger. In seiner Gruppe war es üblich …«

- Üben Sie, sich in zwei Sätzen werbewirksam vorzustellen. Vergessen Sie dabei weder Jobtitel noch interessante Kompetenzen oder Renommierprojekte. Muster: »Mein Name ist Bettina Müller, Leiterin Social Media Marketing bei der … AG. Mit meinem Team verantworte ich internationale Kampagnen und erschließe neue Zielgruppen, vorwiegend in Asien.«

- Setzen Sie auch beim Small Talk die richtigen Duftmarken. Mit der Trekkingtour in Nepal oder dem wunderbaren Wellnesshotel in den Alpen können Sie in bestimmten Kreisen punkten, mit der Last-Minute-Türkei-Reise oder dem Campingplatz in der Eifel eher nicht. Seien Sie sich bewusst, welche Interpretationen Sie mit der Preisgabe privater Details auslösen können. Ob Sie in Ihrer Freizeit in die Oper gehen, wandern oder Schach spielen – immer wird Ihr Gegenüber daraus Schlüsse über Ihre Person ziehen.

- Bleiben Sie fachlich auf dem Laufenden und bringen Sie Ihr Wissen selbstbewusst an. »Interessant ist in diesem Zusammenhang die Studie X« – »Hier müssen die laufenden Betriebskosten noch einbezogen werden.« Vermeiden Sie die üblichen Weichmacher (»eigentlich«, »irgendwie«), Konjunktive (»Könnten Sie vielleicht …?«) und Selbstherabsetzungen (»Nur so eine spontane Idee von mir: …«). (Mehr dazu im Kapitel → 6. Klartext schafft Klarheit.)

- »Das kriegen wir hin, da machen Sie sich mal keine Sorgen.« – »Da haben wir schon ganz anderes geschafft.« – »Und wo ist das Problem?« Männer werfen sich gern auf diese Weise in die Brust. Borgen Sie sich ihre »Alles easy«-Sätze einfach mal aus.

- Bringen Sie formal Verständnis für Kontrahenten auf und weisen Sie sie gleichzeitig elegant in die Schranken: »Aus Ihrer Warte ist diese Position sicher verständlich. Wenn man alle relevanten Faktoren einbezieht, komme ich jedoch zu dem Schluss … « Stehen Sie über den Dingen (oder tun Sie manchmal wenigstens so).

- Lächeln Sie weniger! Kurz: Seien Sie nicht länger das sprichwörtliche »Veilchen im Moose«. Als stolze Rose lebt es sich angenehmer, glauben Sie mir.

 Der Trainingspartner:
»Wir Männer profitieren davon, dass Imponiergehabe von vielen Frauen als ›anstrengend‹ empfunden wird. Erstaunlich. Ist es etwa weniger anstrengend, übersehen zu werden und sich anschließend darüber zu ärgern?«

37. Was kostet die Welt? Ich zahle es.

Eine Freiberuflerin aus meinem Netzwerk fährt mit dem Bus zu einem wichtigen Kundentermin. Das Treffen mit dem Firmenvertreter findet in der Lobby eines Fünfsternehotels statt. Es verläuft gut, bis die Kollegin bei der Verabschiedung auf die Uhr blickt und verkündet, ah, da könne sie gerade noch ihren Bus erreichen. Der potenzielle Kunde (Maßanzug, Manschettenknöpfe mit Monogramm) zieht erstaunt die Augenbrauen hoch und sagt wenig später mit einer fadenscheinigen Begründung den bereits vereinbarten Auftrag ab.

Eine andere Kollegin macht sich wenig aus teurer Kleidung. Praktisch und ein wenig altmodisch, so wirkt ihr Outfit. Der Wetterblouson wurde bei Tchibo gekauft, und auch der Dorffriseur hat ganze Arbeit geleistet. Ein Kunde, den wir beide kennen, sagt eines Tages unverblümt zu mir: »Mit der würde ich nichts machen. Bei der zu Hause sieht es vermutlich aus wie bei meiner Tante Hilde.«

Eine Klientin, die seit zwei Jahren als Beraterin in einer Consultingfirma arbeitet, will im Coaching wissen, wie sie sich gegenüber ihren Kollegen besser durchsetzen kann. Sie fühlt sich nicht ernst genommen, lobt im Gespräch jedoch die guten Manieren mancher Kollegen, die sie nach einem Kundentermin gern noch auf einen Kaffee oder einen Drink einladen.

Dass die generösen Einladungen ihrer Kollegen auch eine Geste der Dominanz sein könnten, dieser Gedanke war meiner Klientin fremd. Bis vor wenigen Jahrzehnten wäre es noch unmöglich gewesen, dass eine Frau im Restaurant die Brieftasche zückt und ihren Begleiter einlädt. Noch in den Siebzigerjahren gab es Männer, die sich lieber unter dem Tisch das Portemonnaie reichen ließen, als »die Schmach« hinzunehmen, dass eine Frau für sie zahlt. Bis heute ist das manchem Mann peinlich. Warum wohl? Wer das Geld hat, hat das Sagen. Ja, ich weiß, das ist holzschnittartig. Doch Geld bedeutet Unabhängigkeit, Macht. Augenhöhe definiert sich im Job auch, wenn auch nicht nur, finanziell. Souverän mit der Kreditkarte umzugehen, in sich und seinen Auftritt zu investieren, in Geldfragen nicht auf die Galanterie eines männlichen Gegenübers zu setzen, all das gehört zu einem selbstbewussten Berufsleben dazu. Lassen Sie sich lieber nicht in die traditionelle Rolle der »abhängigen« Frau drängen und betrachten Sie die Bahnfahrt erster Klasse, die VIP-Karte beim Branchenevent oder das Taxi zum Kundentermin als Investition in Ihren beruflichen Status. Denken Sie daran, dass Ihr Gegenüber womöglich kritisch prüft, ob Sie auf dem richtigen Level mitspielen, und mit einer »grauen Maus« nichts zu tun haben will.

 Der Trainingspartner:
»Vorsicht – manchmal steckt hinter traditioneller männlicher Höflichkeit in Wahrheit Herablassung.«

38. Heulen hilft, aber nur im stillen Kämmerlein

Ich gebe seit einiger Zeit auch »Frauenversteher-Seminare« für männliche Führungskräfte. Das Thema Nummer eins dort ist immer, wirklich immer: Was tue ich, wenn eine Frau in Tränen ausbricht? Ob mittlerer Manager, ob Vorstand, die Hilflosigkeit der Männer angesichts von Frauentränen ist frappierend. Man mag es herzlos finden oder nicht: Tränen sind im Job tabu, zumindest in verantwortungsvollen Positionen. Im schlimmsten Fall droht sonst ein Teufelskreis. Ein Beispiel aus meinem Seminar: *Eine Frau bekommt die Stelle nicht, auf die sie gehofft hatte, weil ihr Chef sie ihr noch nicht zutraut. »Ich weiß nicht, ob Sie das packen«, sagte der Vorgesetzte zu seiner Mitarbeiterin. Die bricht daraufhin in Tränen aus. Ergebnis: Der Chef fühlt sich in seiner Entscheidung bestätigt und wird ihr vermutlich auch die nächste freie Stelle nicht anbieten.*

Wer weint, lässt seinen Gefühlen freien Lauf. Das ist in unserer Kultur im Geschäftsleben nicht erwünscht. Dort geht es angeblich »sachlich« und »vernünftig« zu. Dass Konkurrenzkämpfe, Intrigen und Imponiergehabe ebenfalls hochemotional sind, steht auf einem anderen Blatt. Kein Manager sagt: »Ich habe Angst, durch die geplante Abteilung für Onlinemarketing an Einfluss zu verlieren.« Emotionale Motive werden sachlich maskiert: »Die Mehrkosten für diese Abteilung werden sich nicht amortisieren. Stattdessen sollten wir im Marketing die Position eines Social-Media-Managers schaffen, der mir unterstellt ist. Damit ist gleichzeitig die Verzahnung von On- und Offlinemaßnahmen garantiert.«

Während Tränen im Business tabu sind, darf in anderen Situationen ungehemmt geweint werden. Von Spitzensportlern erwarten wir geradezu, dass sie im Triumph oder aus Enttäuschung Tränen vergießen. Bei der Fußballweltmeisterschaft 2014 konnten wir nach der 1:7-Niederlage der Brasilianer gegen Deutschland erleben, wie vermeintlich harte Männer auf dem Platz und auf den Rängen weinten, und niemand fand das verwerflich.

Wenn dagegen eine Politikerin wie Claudia Roth von den Grünen öffentlich weint, wird sie zur »Heulsuse der Nation«, da sind sich Boulevardblätter und Qualitätszeitungen einig. Warum ist das so? Eine Frau, die weint, »hat sich nicht im Griff«. Sie spielt dem Vorurteil in die Hände, Frauen seien eben nicht hart genug für bestimmte Jobs. Negative Emotionen unterdrücken zu können gilt als Beweis von Professionalität, wobei Zorn und Wut weit eher akzeptiert sind als Anzeichen emotionaler Verletzlichkeit wie Erröten oder Weinen. Wer laut wird, gilt immerhin noch als durchsetzungsfähig.

Was man(n) einer Auszubildenden oder einer Sekretärin noch nachsieht, verzeiht man einer weiblichen Führungskraft nicht mehr. Doch ob aus Zorn, aus Enttäuschung oder Kummer: Kaum eine Frau weint »absichtlich« im Büro. Was können Sie also tun, wenn Ihre Gefühle Sie überwältigen? Wenn eben möglich, sollten Sie aus der Situation aussteigen: »Das muss ich erst einmal verdauen. Können wir morgen weiterreden?« Wenn Sie rechtzeitig merken, dass Ihnen gleich das Wasser in die Augen steigt, können Sie sich kurz entschuldigen und einen Moment den Raum verlassen, vermeintlich, um die Toilette aufzusuchen. Ist das nicht möglich, hilft es, tief durchzuatmen oder einen Schluck zu trinken. Vermeiden Sie es zu blinzeln, schauen Sie nach oben. Manchmal funktioniert auch ein Ablenkungsmanöver: Konzentrieren Sie sich auf etwas anderes, die unmögliche Krawatte Ihres Gegenübers oder das interessante Bild in seinem Rücken, oder rufen Sie sich einen besonderen Glücksmoment ins Gedächtnis. Langfristig lohnt es sich, darüber nachzudenken, in welchen Situationen Ihnen immer wieder die Tränen kommen und warum. Innerlich gewappnet und vorbereitet fällt es leichter, die Fassung zu wahren. Wenn Sie schon eine ganze Zeit lang ungewöhnlich nah am Wasser gebaut haben, kann das ein Indiz für zu viel Stress sein. Wird einem alles zu viel, kommen einem leicht die Tränen, auch in Situationen, in denen frau früher die Achseln zuckte. Sollten Sie sich also über sich selbst und Ihre momentane Empfindlichkeit wundern und weitere Symptome wie Schlafstörungen, Magen- und Kopfschmerzen oder ständige Infekte an sich beobachten, könnten dies erste Anzeichen eines drohenden Burn-outs sein. Je eher Sie in diesem Fall professionelle Hilfe suchen, desto besser.

Warum wir Menschen überhaupt weinen, ist weniger gut erforscht, als man vermuten könnte. Immerhin haben die Augenärzte der Deutschen Ophthalmologischen Gesellschaft ermittelt, dass Frauen im Schnitt 64-Mal pro Jahr weinen, Männer dagegen nur 17-Mal. Während Männern eher aus Empathie oder bei Trennungen die Tränen kommen, sind bei Frauen häufiger Konflikte oder das Gefühl der eigenen Unzulänglichkeit die Ursache. Dabei spielt die Sozialisation vermutlich eine große Rolle. Indianer weinen gar nicht und »Männer weinen heimlich«, wie Herbert Grönemeyer in seinem Song »Männer« verriet. Dass Weinen erleichtert, lässt sich streng wissenschaftlich nicht nachweisen, so Elisabeth Messmer, Oberärztin an der Augenklinik der Universität München. Die mit den Tränen ausgeschiedenen Stoffe (Prolaktin als Milchbildungshormon, Mangan, Kalium und Serotonin) seien so niedrig dosiert, dass man kaum von einer stressabbauenden Wirkung ausgehen könne.[100] Die Expertin räumt allerdings ein, dass die allermeisten Menschen emotionale Tränen subjektiv als Erleichterung empfänden. Im stillen Kämmerlein können Tränen also tatsächlich helfen – vielleicht weniger durch biologische

»Hormondosen« als vielmehr dadurch, dass frau oder man(n) beim Weinen Gefühlen freien Lauf lassen kann.

 Der Trainingspartner:
   »Eine Frau, die geheult hat, ist verbrannt. Da, wo man Ziele erreichen will, sind Tränen tabu.«

39. Auch beim Lächeln kann frau Zähne zeigen

Haben Sie schon einmal wutschnaubend eine Ware reklamiert, sich über schlechten Service, zu späte Lieferung, ein mangelhaftes Produkt empört? Dann haben Sie vielleicht auch schon erlebt, wie gut geschulte Verkäufer mit einem tobenden Kunden umgehen. Sie hören ihm oder ihr aufmerksam zu, lassen alle Angriffe mit höflicher Miene an sich abprallen und drücken formal Ihr Bedauern darüber aus, dass Ihr Gegenüber verärgert ist. Zum Vorwurf selbst äußern Sie sich erst mal nicht. Der Effekt: Irgendwann macht es dem Reklamierenden keinen Spaß mehr, sich aufzuregen, und er oder sie klettert unweigerlich runter von seiner Palme. Bleibt die andere Seite unbeirrbar freundlich-gelassen, verpufft die Angriffsenergie.

Kühle Höflichkeit ist ein wunderbares Mittel, sein Gegenüber auf Distanz zu halten, und damit eine mögliche Antwort auf Teilnehmerinnenfragen wie diese:

- *»Aggression vonseiten der Kollegen ist für mich ein wichtiges Thema. Wie gehe ich damit um, in Meetings und bei informellen Treffen?«*

- »*Wie reagiere ich auf Angriffe? Da ich sehr emotional disku-*
  tiere, neige ich dazu, aggressiv zu werden. Das wird mir dann
  gerne heimgezahlt.«
- »*Verbale Angriffe rufen bei mir Trotz hervor. Wie kann ich das*
  anders lösen?«

Poltert also ein Kollege: »Wenn Sie sich mit Kostenrechnung aus-
kennen würden, würden Sie so eine dumme Frage gar nicht
stellen, Frau Kollegin!«, können Sie sich entweder aufregen und
zurückfeuern – oder Sie lächeln freundlich und erwidern: »Herz-
lichen Dank, Herr Kollege, dass Sie sich Gedanken über meine
Kompetenzen machen. Wenn Sie einverstanden sind, würde ich
gern sachlich bleiben.« Dass Ihnen dabei das Herz klopft, wird
man Ihnen bei ein wenig Übung nicht ansehen. Auch ein mitfüh-
lendes »Es tut mir leid, dass Ihnen das so zusetzt, Kollege. Lassen
Sie uns doch lieber nach einer Lösung für unser Problem suchen,
statt hier persönlich zu werden«, erfüllt seinen Zweck. Und für
Fortgeschrittene: Zwinkern Sie dem Kontrahenten zu, der Sie
hart attackiert, und sagen Sie lächelnd: »Ach, Herr Kollege, das
meinen Sie doch gar nicht so.« Die Botschaft ist in allen Fällen
dieselbe: Du kannst mich nicht treffen. Du bist es gar nicht wert,
dass ich mich aufrege. Probieren Sie es aus. Sehr wahrscheinlich
werden Sie sich mit demonstrativer Gelassenheit sehr viel besser
fühlen als mit einem emotionalen Konter. Sie bleiben Herrin der
Situation, und das fühlt sich gut an.

Dass die kalte Maske der Höflichkeit ein sehr gutes Mittel der
Distanzierung ist, hob der Benimmexperte Franz Junker schon
im 19. Jahrhundert hervor: »Wie die Höflichkeit geeignet ist, uns
in Achtung und Respekt zu setzen, so bietet sie auch dem klugen

Menschen die beste Waffe, um sich derjenigen Personen zu er-
wehren, die ihm unbequem und unsympathisch sind«, schrieb er
1887 in seinem Buch *Das feine Benehmen in Gesellschaften*. Spit-
zenpolitiker sind Meister der scheinbar unbeteiligten Gelassenheit, ob im Interview mit einem streitbaren Journalisten oder im
Bundestag, wenn der politische Gegner auf die eigene Position
eindrischt. Wer sich aufregt, gibt Macht über sich und seine Gefühle ab. Auch deshalb versteht es Angela Merkel so ausgezeichnet, völlig unbeeindruckt auf der Regierungsbank zu sitzen, während der politische Gegner sich am Pult drei Meter weiter
abarbeitet. Noch einmal der kluge Doktor Junker: »Es ist unbestreitbare Thatsache, daß ein artiges und zugleich ausgezeichnet
höfliches und doch selbstbewußtes Benehmen weit sicherer die
Menschen, mit denen wir nichts zu thun haben wollen, in einer
respektvollen Entfernung von uns hält, als Unart und Grobheit.«
Dem ist nichts hinzuzufügen.

 Der Trainingspartner:
*»Für manche Angriffe ist eine ›Rutsch mir den Buckel
runter‹-Reaktion die beste Antwort! Das trifft Ihr Gegenüber mehr als jeder inhaltliche Konter.«*

40. Vergiss die Vorwurfsnummer – sie wirkt nicht

*Gabriele S. ist eine ehrgeizige Naturwissenschaftlerin Anfang 30. Sie
fühlt sich von ihrem Chef »ausgebremst«. Beleg: Das interessante
Projekt, das sie unbedingt übernehmen wollte, hat der Vorgesetzte
einem Kollegen übertragen, obwohl S. »mindestens ebenso gute« Vo-*

raussetzungen mitbrachte. Im Durchbox-Training stellen wir das entscheidende Gespräch nach. »Bei dem Projekt muss jemand konsequent am Ball bleiben«, bekommt der Trainingspartner nach einigen Kommentaren zum Projektinhalt zu hören. Er ist in die Rolle des Chefs geschlüpft und muss sich Vorhaltungen anhören: »Beim letzten Drittmittelprojekt hast du die rechtzeitige Abgabe der Zwischenberichte versäumt, und das hat uns ziemlich in Schwierigkeiten gebracht.« Leicht genervt entgegnet er: »Das ist doch längst Geschichte.« Gabriele S. insistiert: »Ich will ja nur verhindern, dass wir wieder um Fördermittel bangen müssen. Das muss alles rechtzeitig angeleiert werden. Und außerdem hattest du damals nicht daran gedacht, dass …«

So geht es noch eine Weile weiter. Mein Trainingspartner sieht zunehmend genervt aus, und allen im Raum wird langsam klar, warum der Vorgesetzte vermutlich keine Lust hatte, das Renommierprojekt an Gabriele S. zu geben. Wer lässt sich schon gerne Vorwürfe machen? Hinzu kommt: Das belehrende Auftreten von S. stellt indirekt die Hierarchie infrage. Die allermeisten Führungskräfte erwarten, als Führungsperson respektiert zu werden, und haben sehr feine Antennen dafür, wenn ihnen jemand diese Anerkennung verweigert. Auch gegenseitiges Duzen sollte darüber nicht hinwegtäuschen. Mitarbeiter und Mitarbeiterinnen, die den Chef nicht als Chef respektieren, müssen mit Retourkutschen rechnen. Und Frauen sind da leider manchmal an der falschen Stelle mutig, während Männer eine einmal etablierte Hierarchie als sakrosankt hinnehmen.

Gabriele S. fällt aus allen Wolken, als eine Teilnehmerin feststellt: »So kannst du doch mit deinem Chef nicht reden!« Sie verteidigt sich mit dem Argument, sie habe nur auf mögliche Probleme hinweisen und unterstreichen wollen, dass das Projekt bei ihr in guten Händen sei. Das mag sein, doch geschickter ist es, auf der Sachebene zu bleiben und den eigenen Mehrwert zu unterstreichen. In diesem Fall heißt das, die eigene fachliche Qualifikation hervorheben und darauf hinweisen, dass sie sich mit dem Antragsverfahren auskennt und daher einen reibungslosen Ablauf garantieren kann. Die Botschaft ist dieselbe, doch sie wird ohne Gesichtsverlust für den Vorgesetzten präsentiert. Was Gabriele S. für einen mutigen Auftritt hielt, war in Wirklichkeit strategisch ungeschickt.

Der Kabarettist Mario Barth hat ein abendfüllendes Programm entwickelt mit dem Titel »Männer sind schuld, sagen die Frauen«. Offenbar greifen wir Frauen öfter zu Vorwürfen. Doch Schuldzuweisungen bringen wenig. Wer sich angegriffen fühlt, geht in der Regel zum Gegenangriff über, statt über das Gesagte nachzudenken. Dennoch erlebe ich häufiger, dass Frauen ihren Chef direkt angreifen, im schlimmsten Fall sogar vor Publikum. Doch es bringt nichts, auf die falsche Weise mutig zu sein. Erfolgversprechender ist, seinen Ärger herunterzuschlucken und geschickt zu taktieren. Machen Sie gute Miene zum bösen Spiel. Denn was ist Ihnen wichtiger: Wollen Sie recht behalten – oder Ihr Ziel erreichen? Den Mut zum Klartext können Sie an anderer Stelle besser gebrauchen.

 Der Trainingspartner:
»Bei Vorwürfen geht für Männer die rote Lampe an – nicht nur im Job, auch privat. Männer hassen pauschale Schuldzuweisungen.«

DORNRÖSCHEN IM 21. JAHRHUNDERT

Dornröschen war ein aufgewecktes Kind. Schon mit sieben erkundete es das Schloss, mit zwölf kannte es fast jeden Winkel. Es wunderte sich nur, dass der König und die Königin jedes Mal außer sich gerieten, wenn sie nicht wussten, wo die Prinzessin sich aufhielt. Je älter Dornröschen wurde, desto nervöser wurde das Königspaar. Dornröschen verstand das nicht, denn andere Prinzessinnen bekamen immer mehr Freiheiten, wenn sie heranwuchsen. Schließlich gestand der König die Geschichte mit dem Fluch. »Das alles wegen eines blöden 13. Tellers?!«, fragte Dornröschen empört: »Hättest du nicht einfach dem Goldschmied rechtzeitig Bescheid geben können?« Wie gesagt, dumm war sie nicht. Und sie versprach, gut auf sich aufzupassen. Leider ist gegen Flüche kein Kraut gewachsen. Als Dornröschen an ihrem 15. Geburtstag ein Turmzimmer betrat, saß dort eine alte Frau an einem Spinnrad, und so sehr sie sich dagegen wehrte: Dornröschen konnte nicht anders, als die Spindel zu berühren. Gleich darauf erschrak sie über den Stich, und der Rest ist Märchengeschichte.

100 Jahre später spürte Dornröschen einen Kuss. Als sie benommen die Augen aufschlug, stand ein unbekannter junger Mann vor ihrem Bett. »Was fällt Ihnen ein, mich einfach so zu küssen?!« – »Aber holde Prinzessin, ich bin gekommen, Euch zu erlösen!«, stammelte der Prinz. »Und wo ist der Haken?«, wollte Dornröschen wis-

sen, inzwischen hellwach. »Na ja, ich dachte, wir heiraten, liebes Dornröschen, Ihr zieht zu mir auf mein Schloss und führt mir dort den königlichen Haushalt.« Dornröschen hatte sich inzwischen aufgerichtet und schlüpfte in seine Pantoffeln. »Und darauf soll ich 100 Jahre gewartet haben?« Die Prinzessin wackelte ein wenig mit den Zehen und stellte erfreut fest, dass sie sich ausgeruht und tatendurstig fühlte. Im Hinausgehen blickte sie sich noch einmal kurz um. Der Prinz stand wie angewurzelt da: Das verstieß eindeutig gegen die jahrhundertealten Spielregeln für Prinzessinnen! Dornröschen lächelte ihn freundlich an und sagte: »Und übrigens: Ich heiße Rose. Und jetzt gehe ich mal nachschauen, was in meinem eigenen Schloss los ist!«

DANKE!

Dieses Buchprojekt schlummerte schon lange in meinem Kopf. Dass es schließlich Gestalt annahm, verdanke ich zuallererst den Teilnehmerinnen meiner Durchbox-Trainings. Sie lieferten nicht nur eine Fülle von Anregungen und Fallgeschichten, sondern fragten in schöner Regelmäßigkeit: »Wo kann ich denn am besten nachlesen, was wir hier im Seminar üben?« Sehr dankbar bin ich auch den männlichen Trainingspartnern meiner Veranstaltungen für ihre konstruktive Kritik. Dem Ariston Verlag und hier insbesondere Michaela Ruis und Bettina Traub danke ich für die uneingeschränkte Unterstützung des Projekts. Dass mein erstes Buch gleich in einem namhaften Verlag erscheint, macht mich glücklich und stolz. Jürgen Bloch schulde ich großen Dank für die langjährige erfolgreiche und vertrauensvolle Zusammenarbeit.

Ohne die professionelle Begleitung meiner Gedanken durch Petra Begemann wäre das Buch nicht das geworden, was es ist. Dafür ein ganz tief empfundenes Dankeschön.

Last, but not least danke ich meinem Mann, Wegbegleiter meines Lebens und wichtigste Stütze.

LITERATUREMPFEHLUNGEN

Sabine Asgodom, Eigenlob stimmt. Erfolg durch Selbst-PR. München: Econ, 3. Auflage 2000.

Barbara Berckhan, Die etwas gelassenere Art, sich durchzusetzen. Ein Selbstbehauptungstraining für Frauen. München: Heyne 2003.

Doris Bischof-Köhler, Von Natur aus anders. Die Psychologie der Geschlechtsunterschiede. Stuttgart: Kohlhammer, 4. überarbeitete und erweiterte Auflage 2011.

Doris Krumpholz, Einsame Spitze. Frauen in Organisationen. Wiesbaden: VS Verlag für Sozialwissenschaften, 2. Auflage 2013.

Marion Knaths, Spiele mit der Macht. Wie Frauen sich durchsetzen. München: Piper, 9. Auflage 2012.

Peter Modler, Das Arroganz-Prinzip. So haben Frauen mehr Erfolg im Beruf. Frankfurt am Main: Krüger, 2. Auflage 2009.

Peter Modler, Selbstbewusst im Beruf mit dem Arroganz-Training® für Frauen. Frankfurt am Main: Krüger 2014.

Oswald Neuberger, Führen und führen lassen. Stuttgart: Lucius & Lucius, 6. völlig neu bearbeitete und erweiterte Auflage 2002.

Sheryl Sandberg, Lean In. Frauen und der Wille zum Erfolg. Berlin: Ullstein, 3. Auflage 2013.

Deborah Tannen, Du kannst mich einfach nicht verstehen. Warum Männer und Frauen aneinander vorbeireden. Frankfurt am Main: Büchergilde Gutenberg 1991.

ANMERKUNGEN

1 Matthias Rumpf/Anja Karrasch, »Die Zukunft ist weiblich«, *Die Zeit* vom 22.04.2004, im Internet unter www.zeit.de. Cornelia Geißler, »Frauen auf der Überholspur«, *Berliner Zeitung* vom 27.06.2007, im Internet unter www.berliner-zeitung.de. Der *Spiegel*-Titel 24/2007 (11.06.2007) »Die Alpha-Mädchen. Wie eine neue Generation von Frauen die Männer überholt« eröffnete eine Serie zum Thema. Marianne Heiß, »Die Zukunft ist weiblich«, *Die Welt* vom 10.03.2012, im Internet unter www.welt.de. Hanna Rosin, Das Ende der Männer und der Aufstieg der Frauen. Berlin: Berlin Verlag 2013.

2 Dorothea Assig, »Coming in. Mehr Frauen in Führungspositionen und was Unternehmen dafür tun« in: dies. (Hg.), Frauen in Führungspositionen. Die besten Erfolgsrezepte aus der Praxis. München: dtv 2001, S. 49ff., hier: S. 79. (Dort ist von exakt 961 Jahren die Rede.)

3 Janko Tietz, »Veränderung von oben«, Der Spiegel 3/2013, S. 70ff., hier S. 72.

4 Bettina Weiguny, »Wut auf Frauenförderung: #Macho«, *Frankfurter Allgemeine Zeitung* vom 17.03.2013, im Internet unter www.faz.net.

5 Susanne Beyer/Claudia Voigt, »Die Machtfrage«, *Der Spiegel* 5/2011, S. 58ff., hier S. 63.

6 »Männer haben genug von Gleichberechtigung«, *Spiegel online* vom 30.09.2013, im Internet unter www.spiegel.de.

7 Flora Wisdorff, »Keine Chance für Frauen in Deutschlands Chefetagen«, *Die Welt* vom 15.01.2014, im Internet unter www.welt.de.

8 www.destatis.de (»Frauen in Führungspositionen«)

9 Barbara Bierach, Das dämliche Geschlecht. Warum es kaum Frauen im Management gibt. Weinheim: Wiley 2002 (aktualisierte Neuauflage 2011). Bascha Mika, Die Feigheit der Frauen. München: Goldmann 2012. Theresa Bäuerlein/Friederike Knüpling, Tussikratie. Warum Frauen nichts falsch und Männer nichts richtig machen können. München: Heyne 2014.

10 Sheryl Sandberg, Lean In. Frauen und der Wille zum Erfolg. Berlin: Econ, 3. Auflage 2013, S. 140f.

11 Deborah Tannen, Du kannst mich einfach nicht verstehen. Warum Männer und Frauen aneinander vorbeireden. Frankfurt am Main: Büchergilde Gutenberg 1991, S. 79.

12 Sabine Asgodom, Eigenlob stimmt. München: Econ, 3. Auflage 2000, S. 9f.

13 Robert Greene, Power. Die 48 Gesetze der Macht. München: dtv, 6. Auflage 2006, S. 60.

14 Eine Reihe einschlägiger Studien finden Sie unter http://de.wikipedia. org/wiki/Bedrohung_durch_Stereotype.

15 Manfred Engeser et al., »Entzauberte Engel«, Wirtschaftswoche Nr. 17, 22.04.2013, S. 80ff., hier: S. 83.

16 dpa-Meldung vom 30.08.2010, zitiert u. a. unter www.t-online.de.

17 Zitiert nach »Schluss mit Missverständnissen! So kommunizieren Frauen und Männer auf einer Wellenlänge«, im Internet unter www.stil.de.

18 Vgl. Tannen, die in diesem Zusammenhang auch von »Beziehungssprache« (rapport talk) und »Berichtssprache« (report talk) spricht (Tannen 1991, S. 78ff.).

19 Claudia Peus im Interview mit der Zeitschrift *Brigitte* unter dem Titel »Was Frauen von Männern lernen können«, Nr. 8/2014, S. 166.

20 »Die wichtigsten Karrierestrategien für Frauen«, *WirtschaftsWoche* vom 07.06.2013; im Internet unter www.wiwo.de.

21 Barbara Berckhan, Die etwas gelassenere Art, sich durchzusetzen. Ein Selbstbehauptungstraining für Frauen. München: Heyne 2003, S. 151.

22 »Die wichtigsten Karrierestrategien für Frauen«, *WirtschaftsWoche* vom 07.06.2013; im Internet unter www.wiwo.de.

23 Wolfgang Schur/Günter Weick, Wahnsinnskarriere. Wie Karrieremacher tricksen, was sie opfern, wie sie aufsteigen. Frankfurt am Main: Eichborn 1999, S. 147.

24 www.t-online.de/tv/news/id_69406036/erschuetterndes-experiment-so-machen-kleider-leute.html

25 »Führungspositionen nur für Frauen? Die Männer schlagen zurück«, in: *Brigitte* 3/2014 vom 10.01.2014; im Internet unter www.brigitte.de.

26 Link: »Bücher« unter www.herlindekoelbl.de.

27 Zitiert nach Herminia Ibarra et al., »Aufstieg mit Hindernissen«, in: *Harvard Business Manager*, Oktober 2013, S. 24ff., hier: S. 31.

28 http://de.globometer.com/spiele-barbie.php.

29 Doris Krumpholz, Einsame Spitze. Frauen in Organisationen. Wiesbaden: VS Verlag für Sozialwissenschaften, 2. Auflage 2013, S. 20ff.

30 Im Netz unter www.mydeals.com/blog/what-if-barbie-looked-like-a-real-woman/post.

31 Zitiert nach Tilmann Warnecke, »Mädchen sollen harmlose Prinzessinnen sein«; in: Der *Tagesspiegel* vom 31.08.2011, im Internet unter www.tagesspiegel.de.

32 Die deutsche Ausgabe erschien 2012 im Fischer Verlag Frankfurt am Main.

33 Im Internet unter www.youtube.com/watch?v=eTQY1Aw9zcs (»Bush Creeps Out German Chancellor«).

34 www.youtube.com/watch?v=tmIDHpRWxXc.

35 Vgl. Jochen Mai, »Power-Posen: Die typische Körpersprache der Macht«; im Internet in der »Karrierebibel« am 01.03.2013.

36 Tina Groll, »Die Körpersprache der Macht verstehen«; *Die Zeit* vom 11.10.2013; im Internet unter www.zeit.de.

37 »Die wichtigsten Karrierestrategien für Frauen«, *WirtschaftsWoche* vom 07.06.2013; im Internet unter www.wiwo.de.

38 Amy Cuddy, »Your body language shapes who you are«, TED Talk June 2012; im Internet unter www.youtube.com/watch?v=Ks-_Mh1QhMc (auf Englisch, Zitate = meine Übersetzung).

39 Fritz Strack, Sozialpsychologe an der Universität Würzburg, führte ein entsprechendes Experiment durch. Sie finden es in »Einfach mal wieder lächeln«, *Süddeutsche Zeitung* vom 11.05.2010; im Internet unter www.sueddeutsche.de.

40 »Zu sexy für den Job«, *Süddeutsche Zeitung* vom 07.06.2010; im Internet unter www.sueddeutsche.de.

41 »Studie: Weibliche Eifersucht benachteiligt schöne Frauen«, in: *Die Presse*, 30.03.2012, im Internet unter www.DiePresse.com.

42 »Zu schön für den Job«, in: *Der Spiegel*, 16.08.2010, im Internet unter www.spiegel.de.

43 Sabrina Keßler, »Schöne Menschen machen häufiger Karriere«, in: *WirtschaftsWoche* vom 05.06.2012, im Internet unter www.wiwo.de.

44 Im Internet unter http://www.youtube.com/watch?v=O5B3r7Py2h4 (»Berlusconi keeps Merkel waiting by taking a phone call«).

45 »Angela Merkel trifft Wladimir Putin: Unterkühlte Atmosphäre«, im Internet bei www.web.de (http://web.de/magazine/nachrichten/ausland/ukraine-krise/19011184-merkel-putin-drohen.html).

46 Krumpholz (2013), Einsame Spitze, S. 35.

47 »Zu viel lächeln ist auch nicht gut«, *Frankfurter Allgemeine Zeitung* vom 04.06.2013; im Internet unter www.faz.net.

48 Herminia Ibarra et al., »Aufstieg mit Hindernissen«, in: *Harvard Business Manager* Oktober 2013, S. 24ff., hier S. 26

49 Oswald Neuberger, Führen und führen lassen. Stuttgart: Lucius & Lucius, 6. völlig neu bearbeitete und erweiterte Auflage 2002, S. 109ff.

50 A rose is a rose is a rose …

51 Herminia Ibarra et al., »Aufstieg mit Hindernissen«, in: *Harvard Business Manager* Oktober 2013, S. 24ff., hier S. 28

52 Deborah Tannen, Du kannst mich einfach nicht verstehen. Warum Männer und Frauen aneinander vorbeireden. Frankfurt am Main: Büchergilde Gutenberg 1991, S. 161.

53 Jutta Rump, »Dominanz alter Bünde«, in: H*arvard Business Manager* Oktober 2013, S. 53.

54 »Die wichtigsten Karrierestrategien für Frauen«, *WirtschaftsWoche* vom 07.06.2013, im Internet unter www.wiwo.de.

55 »Golfen für die Karriere«, in: *Harvard Business Manager* Oktober 2013, S. 41.

56 Rick Nauert, »Men Cooperate as Well as Women – Sometimes«, im Internet unter http://psychcentral.com (News vom 23.09.2011)

57 Jochen Mai, »Stutenbissigkeit – Attraktivität und sexuelle Konkurrenz schüren Missgunst unter Kolleginnen« (06.05.2012), im Internet unter karrierebibel.de.

58 Interview mit Mechtild Erpenbeck unter der Überschrift »Zickenkrieg«. *Frankfurter Allgemeine Sonntagszeitung* vom 09.06.2013, S. 25.

59 Mechtild Erpenbeck, »Stutenbissig«?! – Frauen und Konkurrenz: Ursachen und Folgen eines missachteten Störfalls; in: *Wirtschaftspsychologie aktuell* 1/2004, S. 21ff., hier S. 22.

60 Doris Bischof-Köhler, »Von Natur aus anders. Zur Entstehung geschlechtstypischen Verhaltens« (Vortrag), Download im Internet unter http://www.primamaedchen-klassejungs.de/userfiles/von_natur_aus_anders.pdf.

61 Sheryl Sandberg, Lean in. Frauen und der Wille zum Erfolg. Berlin: Econ, 3. Auflage 2013, S. 17 und S. 88.

62 Susanne Beyer/Claudia Voigt, »Die Machtfrage«, *Der Spiegel* 5/2011, S. 58ff., hier S. 58.

63 Malcolm Gladwell, Blink! Die Macht des Moments. Frankfurt: Campus Verlag 2005, S. 242f.

64 Studien, die diese Thesen belegen, finden sich bei Krumpholz (2013),
    S. 115f.
65 Sandberg (2013), S. 58, S. 60 und S. 78.
66 A. M. Textor, Sag es treffender. Reinbek bei Hamburg: Rowohlt 2000.
67 Pressemitteilung vom 20.01.2014 unter der Überschrift »Sexuelle
    Belästigung«, im Internet unter www.bmfsfj.de
68 Laura Himmelreich, »Der Herrenwitz«, *Stern* vom 01.02.2013, im
    Internet unter www.stern.de.
69 »Ackermann schürt die Diskussion um die Frauenquote«, *Handelsblatt*
    vom 07.02.2011, im Netz unter www.handelsblatt.com.
70 Knaths (2012), S. 58.
71 Eva Tenzer, »Berufstätige Mütter: Schluss mit dem schlechten Gewis-
    sen!«, in: *Psychologie heute* 06/2011, S. 38ff.
72 Barbara Vinken, Die deutsche Mutter. Der lange Schatten eines Mythos.
    Frankfurt am Main: Fischer, 2. Auflage 2011.
73 Susanne Beyer/Claudia Voigt, »Die Machtfrage«, Der Spiegel 05/2011,
    S. 58ff. hier S. 61.
74 Günter Busch, Liselotte von Reinken (Hgg.), Paula Modersohn-Becker in
    Briefen und Tagebüchern. Frankfurt am Main: Fischer 2007.
75 Andrea Fischer, »Wir sind machtlos«, im Internet unter www.andrea-
    fischer.de; »Frauen und Macht«, im Internet unter www.brigitte.de.
    Dr. Efstratia Zafeiriou ist zuständig für strategische Marktbearbeitung
    China.
76 »Frauen und Macht«, a. a. O.
77 *Focus online* vom 08.03.2012 (»Meilensteine der Frauenemanzipation in
    Deutschland«), im Internet unter www.focus.de.
78 »Frauen und Macht«, a. a. O.
79 Vgl. www.equalpayday.de
80 Etwa unter www.sueddeutsche.de/thema/Gehaltsvergleich, unter www.
    lohnspiegel.de oder unter www.gehalt-tipps.de. Die dort veröffentlichten
    Durchschnittswerte geben allerdings nur eine sehr grobe Orientierung.
81 Katrin Hummel, »Wenn Frauen mehr verdienen: Was bleibt von mir als
    Mann?«, Frankfurter Allgemeine Zeitung vom 27.01.2014, im Internet
    unter www.faz.net.
82 a. a. O. (2013) S. 78.
83 Vgl. z. B. Gerhard Dammann, Narzissten, Egomanen, Psychopathen in
    der Führungsetage. Bern/Stuttgart/Wien: Haupt 2007 (Der Autor ist
    Facharzt für Psychiatrie und Psychotherapie und weiß, wovon er redet.).

84   Zum Andenpakt und seiner Geschichte vgl. »Der ›Andenpakt‹ trifft sich
     heimlich in Berlin«; *Focus online* vom 13.11.2013, im Internet unter
     www.focus.de.

85   Florian Güßgen, »Deutschlands erste Damenwahl«, *Stern* vom
     22.11.2005; im Internet unter www.stern.de.

86   Sandberg (2013), S. 95.

87   Zitiert nach Sandberg (2013), S. 129.

88   Fredmund Malik, Führen, Leisten, Leben. Wirksames Management für
     eine neue Zeit. Frankfurt am Main: Campus 2006, S. 159.

89   Ebd., S. 161f.

90   »Männer haben genug von Gleichberechtigung«, *Spiegel online* vom
     30.09.2013; im Internet unter www.spiegel.de.

91   Zitiert nach Sandberg (2013), S. 154.

92   Ebd., S. 145ff.

93   In der ZDF-37-Grad-Reportage »Einsame Spitze. Superfrauen zwischen
     Kindern und Karriere« vom 04.03.2014, im Internet unter www.zdf.de/
     37-grad/superfrauen-zwischen-beruf-und-karriere-32116826.html.

94   »Frauen und Männer – Wer unterstützt wen in der Karriere?«, SWR
     Wissenschaft aktuell vom 29.06.2012, im Internet unter www.swr.de/
     blog/wissenschaftaktuell.

95   Pressemitteilung unter dem Titel »Neue Studie ›Frauen auf dem Sprung –
     das Update 2013‹ zeigt: »Die jungen Frauen stehen enorm unter Druck«;
     Download unter www.brigitte.de/producing/pdf/fads/PM-2013.pdf.

96   So eine Studie der Firma Vorwerk, und die schon zitierte Allensbach-
     Studie (Anm. 16).

97   diffferent (sic!) Statussymbol-Studie 2013, im Internet unter
     www.diffferent.de/assets/130918_Statusstudie_Kurzversion_Website.pdf.

98   »Die wichtigsten Karrierestrategien für Frauen«, *WirtschaftsWoche* vom
     07.06.2013; im Internet unter www.wiwo.de.

99   Elisabeth Raether, »Keine falschen Schlüsse ziehen«, Interview mit Doris
     Bischof-Köhler, in: *Die Zeit* Nr. 24, 09.06.2013; im Internet unter
     www.zeit.de.

100 »1000 Fragen: Warum weinen wir?«, *Spiegel online* vom 18.09.2011, im
     Internet unter www.spiegel.de.